AF563999

COURS

DE

GÉOMÉTRIE DESCRIPTIVE

1985. — Abbeville. — Typ. et stér. Gustave Retaux.

COURS
DE
GÉOMÉTRIE DESCRIPTIVE
(DROITE ET PLAN)

à l'usage des candidats

AU BACCALAURÉAT ÈS SCIENCES

ET

AUX ÉCOLES DU GOUVERNEMENT

PAR

J. CARON

Ancien élève de l'École normale supérieure,
Agrégé des sciences mathématiques,
Directeur des travaux graphiques à l'École normale supérieure,
Professeur de géométrie descriptive au lycée Saint-Louis, etc.

TEXTE

PARIS
LIBRAIRIE GERMER BAILLIÈRE ET CIE
108, BOULEVARD SAINT-GERMAIN, 108

1882

GÉOMÉTRIE DESCRIPTIVE

ÉLÉMENTAIRE

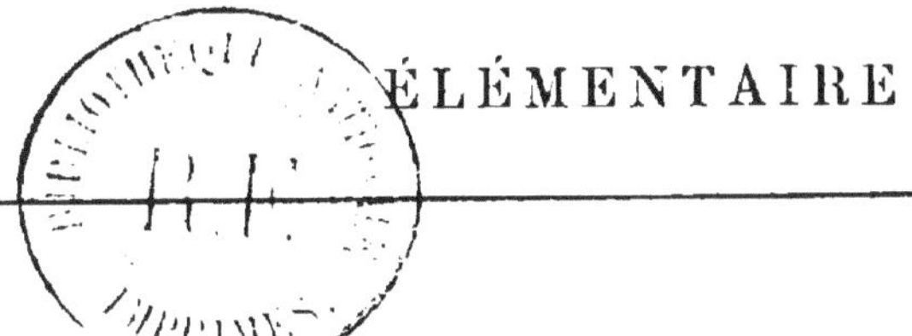

DROITES ET PLANS

NOTIONS PRÉLIMINAIRES.

1. — La *géométrie descriptive* a pour but l'étude des figures dans l'espace, en ramenant cette étude à celle des figures planes. Pour effectuer cette transformation, on emploie les *projections*.

2.—Définitions. — On appelle *projection conique* d'un point A sur un plan P par rapport à un centre de projection O (fig. 1, pl. I), le point de rencontre *a* du plan P avec la droite OA qui joint le point donné au centre de projection, et qu'on appelle la *projetante* du point.

On dit encore que le point *a* est la *perspective aérienne* du point A, en prenant comme point de vue le point O et comme plan du tableau le plan P.

Enfin le point *a* est également l'*ombre portée* par le point A sur le plan P, la source lumineuse étant le point O (ombre au flambeau).

3. — On appelle *projection oblique* d'un point A sur un plan P parallèlement à une direction D (fig. 2, pl. I), le point de rencontre *a* du plan P avec une parallèle à la droite D menée par le point A. Cette droite A*a* est comme précédemment la projetante du point.

Ce mode de projection peut être considéré comme un cas particulier du précédent, et on l'en déduit en supposant que le centre de projection s'éloigne indéfiniment dans la direction D.

On appelle encore le point a, la *perspective cavalière* du point A ou l'ombre du point A sur le plan P, en supposant la source lumineuse à l'infini dans la direction D (ombre au soleil).

4. — Enfin on appelle *projection orthogonale*, ou simplement projection d'un point A sur un plan P (fig.3, pl. I), le pied a de la perpendiculaire abaissée du point A sur le plan P.

Ce dernier mode de projection est un cas particulier du précédent, et on l'obtient en supposant que la direction D devient perpendiculaire au plan de projection.

5. — D'après la définition que nous venons de donner, on reconnaît que la projection d'un point est toujours déterminée, lorsque le point lui-même est donné. Il est important de remarquer que la réciproque n'est pas vraie ; c'est-à-dire, qu'étant donné en a la projection conique d'un point (fig. 1, pl. I), ce point A n'est pas déterminé. Nous savons tout simplement que le point A se trouve sur la projetante Oa.

Il est donc indispensable, pour déterminer complétement le point A, de se donner une condition de plus.

Par exemple, on peut se donner la distance Aa.

Cette manière de déterminer un point de l'espace, en employant des projections orthogonales, constitue la méthode des *plans cotés*.

On peut encore, pour déterminer le point A, se donner une deuxième projection du point A dans un deuxième système de projection. On connaîtra ainsi une deuxième projetante o_1a_1 du point, et le point de rencontre de cette droite o_1a_1 avec oa sera le point demandé A.

6.— Remarque. — Les deux projections aa_1 d'un point dans deux systèmes différents ne sont pas arbitraires. En effet, pour que le point A existe, il faut que les deux projetantes oa, o_1a_1 se rencontrent, et par suite soient dans le même plan. Ainsi donc il existera toujours une relation entre les deux projections d'un point dans deux systèmes différents.

Dans la suite, nous emploierons des projections orthogonales avec deux plans de projection rectangulaires. Pour distinguer ces deux plans, nous donnerons à l'un d'eux le nom de *plan horizontal*, et par suite à l'autre celui de *plan vertical*. Ces deux noms ne supposent pas que les plans de projection sont physiquement l'un horizontal et l'autre vertical, mais on conserve quand même ces dénominations parce que dans les applications, l'architecture par exemple, l'un des plans de projection est physiquement horizontal.

Soit donc H et V (fig. 4, pl. I), nos deux plans de projection. L'intersection de ces deux plans s'appelle la *ligne de terre:* on la représente généralement par les deux lettres xy ou LT, que l'on place dans l'ordre alphabétique de droite à gauche, en supposant l'observateur debout sur le plan horizontal, et regardant le plan vertical.

Étant donné alors un ensemble de points dans l'espace, nous les projetterons successivement sur les deux plans de projection, et pour obtenir finalement une seule figure plane, on est convenu de faire tourner le plan vertical d'un angle de 90° autour de la ligne de terre, de manière à le faire coïncider avec le plan horizontal. Enfin, pour déterminer le sens de cette rotation, on convient de faire coïncider la partie supérieure du plan vertical avec la partie postérieure du plan horizontal. En même temps, la partie inférieure du plan vertical vient coïncider avec la partie antérieure du plan horizontal.

Le résultat ainsi obtenu s'appelle une *épure*.

LIVRE I

REPRÉSENTATION DU POINT, DE LA DROITE, DU PLAN

CHAPITRE PREMIER

I. — REPRÉSENTATION DU POINT.

7. — Soit A (fig. 4, pl. I) un point quelconque de l'espace ; il se projette sur le plan horizontal en a et sur le plan vertical en a_1. Si maintenant nous rabattons le plan vertical sur le plan horizontal, le point a_1 vient prendre la position a', d'où il résulte que l'épure d'un point se compose de la ligne de terre xy (fig. 5, pl. I), et dans l'exemple actuel des deux points aa', de part et d'autre de la ligne de terre ; a est la projection horizontale du point, a' en est la projection verticale. Autrement dit on représente les deux projections d'un point par la même lettre a, en accentuant la projection verticale, et dans la lecture de l'épure, on nomme le point (aa').

8. — **THÉORÈME.** — *Dans toute épure, les deux projections d'un point se trouvent sur une même perpendiculaire à la ligne de terre* (fig. 4, pl. I).

En effet, le plan $a\mathrm{A}a_1$ étant mené par deux droites respectivement perpendiculaires aux deux plans de projection, est lui-même perpendiculaire aux deux plans de projection, et par suite, il est également perpendiculaire à la ligne de terre.

En appelant α le point de rencontre de xy avec le plan $\mathrm{A}aa_1$, la ligne de terre sera alors perpendiculaire sur αa, αa_1 qui passent par son pied dans le plan $\mathrm{A}aa_1$. Si maintenant nous rabattons le plan vertical sur le plan horizontal de manière à former l'épure, la droite $a_1\alpha$ restera perpendiculaire sur xy, et viendra se placer suivant $a'\alpha$ dans le prolongement de $a\alpha$ (fig. 5, pl. I).

Ainsi la droite $a\alpha a'$ est bien perpendiculaire sur la ligne de terre, on la nomme une ligne de *rappel*.

9. — Réciproque. — *Étant donné dans une épure deux points* aa' *sur une même ligne de rappel, on a le droit de considérer les deux points comme les projections d'un point unique et parfaitement déterminé dans l'espace* (fig. 4 et 5, pl. I).

Soit α le point de rencontre de aa' avec la ligne de terre ; si nous relevons le plan vertical de manière à l'amener à être perpendiculaire au plan horizontal, la droite $a'\alpha$ prend la position $a_1\alpha$, en restant perpendiculaire à la ligne de terre.

Le plan $a\alpha a_1$ est donc perpendiculaire à la ligne de terre, et par suite, aux deux plans de projection.

Les deux projetantes déterminées par les deux projections connues aa_1 sont alors contenues dans le même plan $a\alpha a_1$, et par suite, elles se rencontrent en un point unique et parfaitement déterminé A.

Remarque. — Le théorème et sa réciproque sont vrais, quand même les deux plans de projection ne sont pas rectangulaires.

10. — THÉORÈME. — *Dans toute épure, la distance de la projection verticale d'un point à la ligne de terre représente la distance du point au plan horizontal, et en même temps, la distance de la projection horizontale d'un point à la ligne de terre représente la distance du point de l'espace au plan vertical* (fig. 4 et 5, pl. I).

En effet, en supposant les deux plans de projection rectangulaires, le quadrilatère $Aa\alpha a_1$ est un rectangle, dans lequel nous aurons $Aa = a_1\alpha = a'\alpha$ et $Aa_1 = a\alpha$. Ainsi $a'\alpha$ représente la distance du point A au plan horizontal, c'est ce qu'on appelle la *cote*, de même $a\alpha$ représente la distance du point A au plan vertical, c'est l'*éloignement*.

II. — POINTS REMARQUABLES.

11. — 1° Tout point contenu dans le plan horizontal se projette verticalement sur la ligne de terre, puisque sa cote est nulle.

12. — 2° Tout point contenu dans le plan vertical se projette horizontalement sur la ligne de terre, puisque son éloignement est nul.

13. — 3° Tout point contenu dans l'un des plans bissecteurs des dièdres formés par les deux plans de projection a ses deux projections à la même distance de la ligne de terre, et par suite symétriques par rapport à la ligne de terre, ou confondues.

14. — 4° Tout point de la ligne de terre a ses deux projections confondues sur la ligne de terre.

III. — ALPHABET DU POINT.

15.—Nous allons maintenant étudier les différents aspects que présente l'épure d'un point, lorsque ce point se meut dans l'espace. Remarquons d'abord que les deux plans de projection divisent l'espace en quatre angles dièdres droits. Pour plus de commodité, nous les numéroterons de la manière suivante : **1**, l'angle dans lequel se trouve l'observateur, c'est-à-dire au-dessus du plan horizontal et en avant du plan vertical ; **2**, l'angle adjacent au-dessus du plan horizontal et derrière le plan vertical ; 3, l'angle opposé à l'angle **1** ; enfin **4**, l'angle adjacent à **1**, mais au-dessous du plan horizontal.

Autrement dit, nous avons numéroté les angles, en tournant autour de la ligne de terre dans le même sens suivant lequel nous avons déjà fait tourner le plan vertical pour l'appliquer sur le plan horizontal.

Les plans bissecteurs divisent chacun des angles dont nous venons de parler, en deux nouveaux angles que nous appellerons en marchant dans le même sens que précédemment **11′**, **22′**, **33′** et **44′**.

Rappelons enfin que d'après le sens du rabattement du plan vertical sur le plan horizontal, la portion qui est au-dessus de la ligne de terre, en lisant xy de gauche à droite, représente dans l'épure, la partie postérieure du plan horizontal, en même temps que la partie supérieure du plan vertical.

Au-dessous de la ligne de terre, nous avons la partie antérieure du plan horizontal ou la partie inférieure du plan vertical.

16. — Supposons donc qu'un mobile parte du plan horizontal dans la partie antérieure (fig. 6, pl. I).

1° Sa projection verticale a' est sur la ligne de terre.

2° Sa projection horizontale est au-dessous de xy, puisque le point est dans la partie antérieure du plan horizontal.

ANGLE 1. — Le point s'élève et entre dans la subdivision 1.

1° Il est au-dessus du plan horizontal, donc sa projection verticale est dans la partie supérieure du plan vertical, et par suite au-dessus de la ligne de terre.

2° Le point est en avant du plan vertical, et alors la projection horizontale se trouve dans la partie antérieure du plan horizontal, c'est-à-dire au-dessous de xy.

3° Le point est plus rapproché du plan horizontal que du plan vertical, donc sa cote $b'\beta$ est plus petite que l'éloignement $b\beta$.

Le point continuant de tourner arrive dans le premier plan bissecteur, ses deux projections occupent des positions analogues à celles du point bb', seulement la cote est égale à l'éloignement; et par suite, les deux projections sont symétriques par rapport à la ligne de terre.

ANGLE 1'. — Le point passe maintenant dans la subdivision 1'. La disposition générale est encore la même que dans la subdivision 1, seulement le point étant plus rapproché du plan vertical que du plan horizontal, la cote est plus grande que l'éloignement.

Arrivons alors dans la partie supérieure du plan vertical.

1° Sa projection horizontale se trouve sur la ligne de terre.

2° Sa projection verticale est au-dessus de la ligne de terre.

ANGLE 2. — En continuant de tourner, nous passons dans le grand angle 2.

1° Le point étant au-dessus du plan horizontal, la projection verticale est dans la partie supérieure du plan vertical, c'est-à-dire au-dessus de la ligne de terre.

2° Le point étant derrière le plan vertical, sa projection horizontale est dans la partie postérieure du plan horizontal, c'est-à-dire au-dessus de xy. Ainsi donc, les deux projections se trouvent maintenant toutes deux au-dessus de la ligne de terre.

Le point étant d'abord dans la subdivision 2, il est plus rapproché du plan vertical que du plan horizontal. Sa cote est plus grande que son éloignement.

Dans le deuxième plan bissecteur, la cote devient égale à l'éloignement, et alors les deux projections sont confondues.

Angle 2'. — Enfin dans la subdivision 2', la cote devient plus petite que l'éloignement.

Nous voici maintenant dans la partie postérieure du plan horizontal.

1° La projection verticale est sur la ligne de terre.

2° La projection horizontale est au-dessus de la ligne de terre.

Angle 3. — Passons alors dans le grand angle 3.

1° Le point étant au-dessous du plan horizontal, sa projection verticale est dans la partie inférieure du plan horizontal, c'est-à-dire au-dessous de xy.

2° Le point étant derrière le plan vertical, sa projection horizontale est dans la partie postérieure du plan horizontal ou au-dessus de xy. Donc les deux projections sont de part et d'autre de xy, seulement la projection verticale est au-dessous de xy.

Dans la subdivision 3, la cote est plus petite que l'éloignement. Dans le premier plan bissecteur, la cote est égale à l'éloignement; les deux projections sont donc symétriques par rapport à la ligne de terre.

Angle 3'. — Enfin dans la subdivision 3', la cote est plus grande que l'éloignement.

Nous laisserons au lecteur le soin de continuer cette discussion pour l'angle 4, les résultats auxquels on doit arriver étant d'ailleurs indiqués sur la figure.

17. — Nous allons maintenant, sur un exemple quelconque, résoudre la question inverse, c'est-à-dire, *étant donné les deux projections d'un point, reconnaître dans quel angle se trouve le point.*

Soit le point pp' (fig. 6, pl. I).

1° La projection horizontale p est au-dessus de xy dans la partie postérieure du plan horizontal, donc le point est derrière le plan vertical dans les angles 2 ou 3.

2° La projection verticale p' est au-dessous de xy dans la partie inférieure du plan vertical, donc le point est au-dessous du plan horizontal dans les angles 3 ou 4. En résumé, le point est dans le grand angle 3.

3° La cote $p'\pi$ est plus grande que l'éloignement $p\pi$, donc le point est plus rapproché du plan vertical que du plan horizontal: il est finalement dans la subdivision 3'.

On fera bien d'appliquer ce même raisonnement à tous les points contenus dans la figure 6, et dont l'ensemble constitue ce qu'on appelle l'*alphabet du point*.

CHAPITRE II

I. — REPRÉSENTATION DE LA DROITE.

18. — Définition.— On appelle *projection d'une ligne*, le lieu des projections de tous les points qui composent la ligne. Les projetantes des différents points de la ligne forment un cône, qu'on appelle le *cône projetant* de la ligne, de telle sorte que la projection d'une ligne n'est autre chose que la trace de son cône projetant sur le plan de projection. Dans le cas des projections obliques et dans celui des projections orthogonales, le cône projetant devient un *cylindre projetant*.

19. — THÉORÈME. — *La projection d'une ligne droite est une ligne droite.*

En effet, le cône projetant d'une droite se réduit à un plan, dont la trace sur le plan de projection est toujours une ligne droite.

20. — Exceptions. — Dans le cas où la droite passe par le centre de projection, si l'on emploie des projections coniques. les projetantes des différents points de la droite coïncident toutes avec la droite elle-même, et par suite la projection de la droite se réduit à un point qui est en même temps la trace de la droite sur le plan de projection.

De même, toute droite parallèle à la direction suivant laquelle on projette dans le cas des projections obliques se projette suivant un seul point.

Enfin, en employant des projections orthogonales, *toute perpendiculaire à un plan se projette sur ce plan suivant un point.*

21. — *Une droite est déterminée par deux points.* Ainsi les deux points aa', bb' (fig. 7, pl. I) définissent une ligne droite.

D'après le théorème précédent, les projections de cette droite s'obtiendront en joignant par des lignes droites les projections de même nom des deux points qui la déterminent. Ainsi *ab*, *a'b'* sont les deux projections de la droite.

22.—*Les deux projections d'une droite déterminent en général cette droite*. En effet, étant donné une projection d'une droite, cette projection définit l'un des plans projetants de la droite.

La deuxième projection de la droite définit un deuxième plan projetant, et alors la droite est parfaitement déterminée comme intersection de ses deux plans projetants.

La démonstration est en défaut dans le cas où les deux plans projetants coïncident.

23. — PROBLÈME. — *Déterminer sur une ligne droite un point quelconque.*

Pour trouver sur la droite *ab*, *a'b'* (fig. 7, pl. I) un point quelconque, il suffit de couper les deux projections de cette droite par une ligne de rappel quelconque. Ainsi *mm'* est un point quelconque de la droite : en effet, les projections d'un point sont sur une même ligne de rappel et par définition, tout point d'une ligne se projette sur les projections de la ligne.

24. — Discussion. — Les deux projections de la droite n'étant pas perpendiculaires à la ligne de terre, une ligne de rappel quelconque coupera toujours ces deux projections, et on obtiendra ainsi autant de points que l'on voudra de la droite.

25.— 1° Supposons maintenant que l'une des projections de la droite soit perpendiculaire à la ligne de terre et l'autre quelconque, AA' par exemple (fig. 8, pl. I).

Une ligne de rappel quelconque rencontre bien A, mais ne rencontre plus A', excepté lorsque la ligne de rappel vient coïncider avec A'.

Les points de la droite de l'espace ne se projettent donc horizontalement qu'au point *a*, autrement dit la droite est verticale, c'est la verticale *a*.

Ainsi il est impossible à une droite d'avoir une projection perpendiculaire à la ligne de terre et l'autre quelconque.

26. — 2° Supposons que les projections de la droite soient toutes deux perpendiculaires à la ligne de terre et différentes (fig. 9, pl. I).

Une ligne de rappel quelconque ne coupera jamais les deux projections de la droite; il est donc impossible à une droite d'avoir ses deux projections perpendiculaires à la ligne de terre et différentes.

27. — 3° Supposons enfin que les deux projections de la droite soient confondues suivant une perpendiculaire à la ligne de terre (fig. 10, pl. I). La ligne de rappel x rencontre assurément A et A′, puisqu'elle est confondue avec ces deux droites; mais en se donnant arbitrairement la projection horizontale du point, on ne peut rien dire de sa projection verticale. La droite n'est plus déterminée par ses deux projections. Il est facile de voir qu'ici les deux plans projetants de la droite coïncident. En effet, le plan projetant horizontalement la droite est déterminé par A et il est perpendiculaire au plan horizontal, il est donc en même temps perpendiculaire à la ligne de terre au point x. Le plan projetant verticalement la droite est également perpendiculaire à la ligne de terre au point x, donc ces deux plans coïncident. Il est donc indispensable de revenir au mode général de détermination de la droite, c'est-à-dire de s'en donner deux points aa', bb'. Les plans projetants de la droite, étant perpendiculaires à la ligne de terre, s'appellent des plans de *profil*. La droite est elle-même perpendiculaire à la ligne de terre.

II. — POINTS REMARQUABLES D'UNE DROITE.

28. —Nous entendrons par *points remarquables d'une droite*, les quatre points de rencontre de cette droite avec les deux plans de projection et les deux plans bissecteurs.

Soit la droite AA′ (fig. 11, pl. 2).

29. — 1° Le point de rencontre avec le plan horizontal ou la *trace horizontale* de la droite étant dans le plan horizontal se projette verticalement sur la ligne de terre, et en même temps sur A′, soit en h'. La ligne de rappel du point h' nous donne en h la projection horizontale de la trace horizontale cherchée. Ainsi hh' est la trace horizontale de la droite.

On dit quelquefois h est *la trace horizontale de la droite*, sans nommer sa projection verticale. Cela tient à ce qu'en disant (trace horizontale), on sous-entend que la projection verticale est sur la ligne de terre.

30. — 2° Le point de rencontre de la droite avec le plan vertical ou *la trace verticale de la droite* étant dans le plan vertical se projette horizontalement sur la ligne de terre et en même temps sur A, par conséquent en *v*. Menons alors la ligne de rappel du point *v*, et nous avons en *v'* la projection verticale de la trace verticale demandée ; *vv'* est donc la trace verticale de la droite.

Ici encore, au lieu de dire *vv'* est la trace verticale de la droite, on dit *v'* est la trace verticale, sans nommer la projection horizontale *v*, parce que l'on sait que tout point du plan vertical se projette horizontalement sur la ligne de terre.

31. — 3° Le point de rencontre de la droite avec le premier plan bissecteur doit avoir ses deux projections symétriques par rapport à la ligne de terre. Pour l'obtenir, construisons une ligne symétrique de A' par exemple, par rapport à *xy* soit α, elle rencontre A en *m* ; *mm'* est alors le point demandé. On aurait pu également construire la symétrique de A, elle aurait coupé A' en *m'*.

32. — 4° Le point de rencontre de la droite avec le deuxième plan bissecteur a ses deux projections confondues, c'est donc le point *nn'* donné par l'intersection des deux projections de la droite.

III. — RECONNAITRE LES DIFFÉRENTES RÉGIONS DE L'ESPACE TRAVERSÉES PAR UNE DROITE.

33. — Nous avons dit que l'espace était divisé par les plans de projection et les plans bissecteurs en huit angles dièdres. Les points de rencontre d'une droite avec ces quatre plans nous donnent donc les limites des régions traversées.

Soit alors *pp'* un point quelconque de la droite compris par exemple, entre les deux limites *hh'*, *mm'* ; nous reconnaissons que ce point est dans la subdivision 1 ; donc la portion *hm*, *h'm'* se trouve dans la même région. En marchant dans le sens *hm*, *h'm'*, nous arrivons en *mm'* dans le premier plan bissecteur, nous passons donc dans la région adjacente 1' et nous y restons de *mm'* jusqu'en *vv'*. A partir du point *vv'*, la droite passe derrière le plan vertical dans l'angle 2 jusqu'en *nn'*, et enfin à partir de ce point, nous entrons dans l'angle **2'** où nous restons jusqu'à l'infini.

Marchons maintenant sur la droite, dans une direction opposée à la première et toujours à partir du point *pp'*. Nous étions dans la subdivision **1** ; arrivés au point limite *hh'*, nous passons au-dessous du plan horizontal, et nous restons jusqu'à l'infini dans l'angle **4'**.

Ainsi, en marchant de gauche à droite, nous traversons successivement les angles 4', 1, 1', 2 et 2'.

34. — Ponctuation des épures. — *Ponctuer une épure*, c'est indiquer le genre de trait qui convient à chaque ligne, dans le but de rendre la lecture de l'épure plus facile, en évitant, autant que possible, l'emploi d'un texte ou légende supplémentaire.

Les lignes de rappel dont nous avons déjà parlé se font de même que toutes les lignes de construction avec des petits traits fins ayant environ de un à deux millimètres de longueur et distants d'environ un demi-millimètre.

Si par hasard on rencontrait une ligne de construction ayant plus d'importance que d'autres, on pourrait la tracer avec des traits mixtes composés alternativement de petits traits et de points ou avec toute autre combinaison de grands traits, petits traits et points.

Tous les traits dont nous venons de parler se font sans distinction à l'encre rouge lorsqu'on veut employer cette encre. Dans tous les cas, les commençants se trouveront très-bien d'employer uniquement l'encre de Chine pour s'exercer à l'art du trait.

Passons maintenant aux lignes faisant partie de l'objet que l'on représente, toutes ces lignes se font en traits pleins lorsqu'elles sont vues et en petits points lorsqu'elles sont cachées.

Règle pour distinguer les parties vues des parties cachées. — A ce sujet, voici la règle à suivre pour établir la distinction entre les parties vues et cachées.

Soit **M** un point appartenant à un système, O la position de l'œil de l'observateur, OM est alors le rayon visuel qui passe par le point donné. Cette droite OM rencontre l'objet que l'on veut représenter en différents points échelonnés sur la droite OM.

De tous ces points, celui qui est le plus rapproché de l'œil est le seul vu, et il cache tous les autres.

Ainsi OM étant plus petit que OM_1, OM_2, OM_3, etc., M est vu, et les points M_1, M_2, M_3, etc., sont cachés.

Il reste enfin les lignes enlevées que l'on marque en traits mixtes. Mais nous aurons plus tard l'occasion de définir ce genre de lignes d'une manière plus précise qu'on ne le pourrait faire ici.

On fera bien de marquer les traits pleins avec un trait fort et toutes les autres lignes, petits points, traits mixtes ou de construction avec un trait beaucoup plus fin que le premier, et le même pour tous ces différents traits. Il faut avoir soin aussi de donner à tous les traits pleins identiquement la même grosseur. On arrive facilement à ce résultat en se servant de deux tire-lignes, le premier affecté aux traits pleins, le second à tous les autres traits, et en évitant pendant tout le temps du travail de toucher aux vis des deux tire-lignes.

On agira de la même manière en employant de l'encre rouge.

Avant d'établir la ponctuation d'une épure, on devra toujours définir d'une façon bien précise l'objet que l'on se propose de représenter.

PROBLÈME. — Par exemple, proposons-nous (fig. 11, pl. 2) de *représenter le système formé par la droite AA′ prolongée indéfiniment et les deux plans de projection supposés opaques et prolongés aussi indéfiniment.*

35. — 1° PONCTUATION DE LA PROJECTION HORIZONTALE. — Pour établir la ponctuation de la projection horizontale, on suppose l'observateur à l'infini au-dessus du plan horizontal. Les rayons visuels sont donc verticaux et dirigés en montant pour aller de l'objet à l'œil.

Il résulte de là que tout point pris isolément au-dessus du plan horizontal est vu en projection horizontale. Au contraire, tout point au-dessous du plan horizontal est caché en projection horizontale.

Le point considéré est précisément caché par sa projection horizontale.

Or nous avons vu que la droite AA′ traversait les angles 11′, 22′ à partir du point *h* en marchant dans le sens *hv*. Donc toute la région *hmcn*, jusque l'infini à droite, étant au-dessus du plan horizontal, est vue en projection horizontale, tandis que toute la région à gauche de *h* est cachée, puisqu'elle est au-dessous du plan horizontal.

Remarquons que pour établir la ponctuation de la projection horizontale, on n'a pas à tenir compte du plan vertical, puisque les rayons visuels sont verticaux, et par suite ne rencontrent jamais le plan vertical.

36. — 2° Ponctuation de la projection verticale. — Pour établir la ponctuation de la projection verticale, on suppose l'observateur à l'infini en avant du plan vertical ; les rayons visuels sont donc perpendiculaires au plan vertical. Il résulte de là, que tout point pris isolément en avant du plan vertical est toujours vu, tandis que tous les points placés derrière le plan vertical sont cachés.

Si nous appliquons cette règle à la droite AA′, nous reconnaissons que la région *v′m′h′* jusque l'infini à gauche est vue en projection verticale, puisqu'elle est en avant du plan vertical. Au contraire, toute la région à droite du point *v′* est cachée en projection verticale.

Ici encore, on n'a pas à tenir compte du plan horizontal, puisque les rayons visuels ne rencontrent jamais ce plan horizontal.

Il ne faut pas s'étonner que certaines régions de la droite soient vues dans une projection et cachées dans l'autre, puisque ces deux projections sont regardées par deux observateurs différents.

IV. — DROITES PARALLÈLES.

37. — **THÉORÈME.** — *Deux droites parallèles ont leurs projections parallèles, en employant des projections obliques ou orthogonales.*

En effet, les plans projetants des deux droites étant menés par les deux droites qui sont parallèles entre elles, et parallèlement à une même direction, sont parallèles entre eux, et par suite leurs traces sur un plan de projection quelconque sont parallèles entre elles.

38. — **Réciproquement,** *deux droites, ayant leurs projec-*

tions de même nom dans deux systèmes différents parallèles entre elles, sont également parallèles entre elles en supposant chaque droite déterminée par ses deux projections, et en employant comme précédemment des projections obliques ou orthogonales.

En effet, les plans projetants des deux droites dans le premier système sont parallèles entre eux, puisqu'ils sont menés par les projections des deux droites qui sont parallèles entre elles et parallèlement à une même direction.

De même les plans projetants des deux droites dans le deuxième système sont aussi parallèles entre eux. Par conséquent, ces quatre plans forment un prisme dont les quatre arêtes sont parallèles entre elles. Or les deux droites sont précisément deux des arêtes de ce prisme.

Cette démonstration est en défaut, lorsque les droites ne sont pas déterminées par leurs projections, c'est-à-dire lorsque les deux plans projetants d'une même droite sont confondus. Les quatre plans projetants, au lieu de former un prisme, se réduisent alors à deux plans parallèles entre eux.

Encore une fois, le théorème et la réciproque ne sont vrais qu'en employant des projections obliques ou orthogonales.

On vérifiera facilement que dans le cas des projections coniques, les perspectives de droites parallèles sont convergentes.

39. — PROBLÈME. — *Mener par un point* aa' *une parallèle à la droite* AA' (fig. 12, pl. 2). — Pour résoudre ce problème, il suffit, en appliquant le théorème précédent, de mener par les deux projections du point donné, des parallèles aux projections de même nom de la droite. BB' est alors la droite demandée. Cette construction est en défaut, lorsque la première droite AA' est dans un plan de profil, puisqu'alors la seconde droite, étant également dans un plan de profil, n'est plus déterminée par ses deux projections. La remarque suivante permet de résoudre le problème simplement.

40. — Remarque. — Étant donné (fig. 13, pl. 2) quatre points aa', bb', $a_1a'_1$, $b_1b'_1$ tels que les longueurs ab, a_1b_1 soient égales, parallèles et dans le même sens ainsi que $a'b'$ et $a'_1b'_1$, les deux droites $aba'b'$, $a_1b_1a'_1b'_1$, sont également parallèles entre elles dans l'espace.

Donc, pour mener (fig. 14, pl. 2) par le point $\alpha\alpha'$ une parallèle à la droite $aba'b'$, qui est dans un plan de profil, il suffit de marquer sur la ligne de rappel α le point β tel que $\alpha\beta$ soit égal à ab et de même sens, puis le point β' tel que $\alpha'\beta'$ soit égal à $a'b'$ et dans le même sens. La droite $\alpha\beta$, $\alpha'\beta'$ est alors la parallèle demandée.

V. — DROITES REMARQUABLES.

41. — Nous entendrons par droites remarquables, celles qui sont parallèles, ou perpendiculaires aux plans de projection ou aux plans bissecteurs.

1° *Toute droite parallèle au plan horizontal,* et que l'on appelle plus simplement une HORIZONTALE, *a sa projection verticale parallèle à la ligne de terre.*

En effet, tous les points d'une horizontale ont la même cote, par conséquent, tous les points de sa projection verticale sont à la même hauteur au-dessus de la ligne de terre, et par suite cette projection verticale est parallèle à la ligne de terre. Ainsi HH' (fig. 15, pl. 2) est une horizontale. Il est facile d'ailleurs de constater que la construction qui donne la trace horizontale d'une telle droite est ici en défaut, ou bien, comme on le dit, la trace horizontale de cette droite est à l'infini (29).

42. — 2° *Toute droite parallèle au plan vertical a sa projection horizontale parallèle à la ligne de terre.*

En effet, tous les points de cette droite ont le même éloignement, et par suite, tous les points de la projection horizontale sont à la même distance de la ligne de terre.

Une telle droite s'appelle une ligne de FRONT ; ainsi FF' (fig. 16, pl. 2) est une ligne de front.

On peut vérifier encore ici que la trace verticale est transportée à l'infini.

43. — 3° *Toute droite contenue dans le premier plan bissecteur a ses deux projections symétriques par rapport à la ligne de terre,* puisque tout point du premier plan bissecteur doit avoir ses deux projections symétriques par rapport à la ligne de terre. Ainsi AA′ (fig. 17, pl. 2) est contenue dans le premier plan bissecteur.

44. — 4° *Toute droite contenue dans le deuxième plan bissecteur a ses deux projections confondues.* Exemple BB′ (fig. 18, pl. 2) est une droite du deuxième plan bissecteur, puisque tout point de cette droite doit avoir ses deux projections confondues.

45. — 5° *Toute droite perpendiculaire au plan vertical a pour projection verticale un point, et pour projection horizontale une perpendiculaire à la ligne de terre* (25). Exemple CC′ (fig. 19, pl. 2) est perpendiculaire au plan vertical. On peut l'énoncer la perpendiculaire au plan vertical C′. C'est un cas particulier d'une horizontale.

46. — 6° *Toute verticale se projette horizontalement suivant un point et verticalement suivant une perpendiculaire à la ligne de terre.* Exemple DD′ (fig. 20, pl. 2) est une verticale. On peut encore la nommer la verticale D.

47. — 7° *Toute parallèle à la ligne de terre étant à la fois horizontale et de front a ses deux projections parallèles à la ligne de terre.* Exemple EE′ (fig. 21, pl. 2) est parallèle à la ligne de terre.

48. — 8° *Toute parallèle au premier plan bissecteur a ses deux projections symétriques par rapport à une ligne de rappel,* puisqu'elle doit être parallèle à une droite du premier plan bissecteur qui a elle-même ses projections symétriques par rapport à la ligne de terre, ou, ce qui revient au même, symétriques par rapport à une ligne de rappel. Exemple GG′ (fig. 22, pl. 2) est parallèle au premier plan bissecteur.

49. — 9° *Toute parallèle au deuxième plan bissecteur a ses deux projections parallèles entre elles.* En effet, une telle droite doit être parallèle à une droite du deuxième plan bissecteur, qui a ses deux projections confondues. Exemple KK′ (fig. 23, pl. 2) est parallèle au deuxième plan bissecteur.

Dans ces deux derniers exemples, on peut vérifier que les points de rencontre avec le premier ou le second plan bissecteur sont à l'infini, en appliquant la construction indiquée pour déterminer ces points (31) (32).

50. — 10° *Toute perpendiculaire à l'un des plans bissecteurs* étant en même temps perpendiculaire à la ligne de terre sera, comme nous l'avons déjà dit, *dans un plan de profil*, et par suite elle ne sera plus déterminée par ses deux projections. On peut cependant en trouver très-simplement deux points.

Par exemple, supposons qu'il s'agisse d'une perpendiculaire au premier plan bissecteur, elle sera alors en même temps parallèle au deuxième plan bissecteur, et jouira tout en étant dans le plan de profil, des propriétés de ces droites.

Or si nous prenons sur une parallèle au deuxième plan bissecteur (fig. 24, pl. 2) deux points aa', bb' les éléments ab, $a'b'$ sont égaux, parallèles et dirigés dans le même sens, il en sera de même dans le plan de profil, et par suite en prenant les longueurs $\alpha\beta$, $\alpha'\beta'$ égales et dirigées dans le même sens, $\alpha\beta$, $\alpha'\beta'$ (fig. 24, pl. 2) sera une perpendiculaire au premier plan bissecteur.

51. — 11° Si au lieu de cela, on prenait toujours les longueurs $\alpha\beta$, $\alpha'\beta'$ égales mais dirigées en sens contraire, la droite $\alpha\beta$, $\alpha'\beta'$ (fig. 25, pl. 2) serait perpendiculaire au deuxième plan bissecteur, parce qu'on pourrait la considérer comme la limite d'une parallèle au premier plan bissecteur, cette parallèle devant avoir ses deux projections symétriques par rapport à une parallèle à la ligne de terre.

52. — 12° Comme derniers cas particuliers, nous citerons encore *les parallèles à la ligne de terre contenues dans l'un ou l'autre des plans bissecteurs*. Et d'abord si la droite est dans le premier plan bissecteur, elle a alors ses deux projections parallèles et symétriques par rapport à la ligne de terre.

53. — 13° *Si* enfin *la droite est dans le deuxième plan bissecteur, elle a ses deux projections confondues suivant une parallèle à la ligne de terre.*

On fera bien, comme exercice, d'établir la ponctuation de toutes ces droites remarquables, en observant la règle suivante :

Lorsque dans une épure plusieurs lignes sont superposées, on marque avant tout les traits pleins appartenant aux choses qui existent et sont vues, ensuite les petits points correspondant aux choses qui existent mais sont cachées, puis les traits mixtes représentant les éléments qui existaient primitivement dans les données, mais sont enlevés dans l'objet que l'on représente, et enfin les lignes de construction.

VI. — INTERSECTION DE DEUX DROITES.

54. — Problème. — *Reconnaître que deux droites se rencontrent.*

Pour que deux droites AA', BB' (fig. 26, pl. 3) se rencontrent, il faut et il suffit que les points de rencontre des projections de même nom de ces deux droites se trouvent sur une même ligne de rappel.

Cette vérification ne peut se faire que si les points m, m' se trouvent tous deux dans les limites de l'épure ; s'il n'en était pas ainsi, on remarquerait que si deux droites se rencontrent, il en est de même de toutes les droites s'appuyant sur les deux premières.

Nous marquerons donc sur la première droite AA' (fig. 27, pl. 3) deux points quelconques aa', $a_1a'_1$, puis, sur la deuxième BB', deux autres points bb', $b_1b'_1$: ensuite nous joindrons ces quatre points deux à deux de manière à former deux droites. Si ces deux droites $aba'b'$, $a_1b_1a'_1b'_1$ se rencontrent, c'est qu'il en est de même pour AA' et BB'.

Comme les points qu'on a choisis sont tout à fait arbitraires, on pourra toujours les prendre de manière que les constructions restent tout entières dans les limites de l'épure.

On procéderait de la même manière si l'une des droites était dans un plan de profil, déterminée par deux points.

55. — Problème. — *Trouver le point de rencontre de deux droites contenues dans le même plan de profil, et déterminées chacune par deux points.*

Pour trouver le point de rencontre des deux droites ab $a'b'$, $cdc'd'$ (fig. 28, pl. 3), on projette ces deux droites obliquement sur le plan horizontal, parallèlement à une direction quelconque. A cet effet, par les quatre points aa', bb', cc', dd', nous menons quatre parallèles à une direction quelconque. Soit $\alpha\alpha'$, $\beta\beta'$, $\gamma\gamma'$, $\delta\delta'$ les traces horizontales de ces quatre droites, $\alpha\beta$, $\gamma\delta$, sont les projections obliques des deux droites données, et par suite, μ est la projection oblique du point de rencontre. Menons alors par le point $\mu\mu'$ une parallèle à la direction suivant laquelle on projette, son point de rencontre mm' avec ab, $a'b'$ sera le point demandé.

On aurait pu arriver au même résultat à l'aide d'une projection conique, en choisissant un point quelconque de l'espace comme centre de projection.

CHAPITRE III

I. — REPRÉSENTATION DU PLAN.

56. — Un plan est déterminé par trois points non en ligne droite, ou par une droite et un point, ou enfin par deux droites qui se coupent.

En joignant les trois points deux à deux par deux droites, ou en joignant le point donné à un point quelconque de la droite, le plan, dans les deux premiers cas, sera encore déterminé par deux droites qui se coupent. On peut donc toujours supposer ces deux droites connues.

Soit, par exemple, les deux droites AA′, BB′ qui se rencontrent en *oo′* (fig. **29**, pl. 3), elles déterminent un plan.

II. — DÉTERMINER UNE DROITE, UN POINT D'UN PLAN.

57. — Problème I. — *Trouver une droite d'un plan, connaissant une projection de cette droite.*

Donnons-nous par exemple, suivant C (fig. **29**, pl. 3), la projection horizontale d'une droite contenue dans le plan ABA′B′. La droite inconnue étant contenue dans le plan, elle doit rencontrer toutes les droites du plan donné. Par exemple, elle rencontre la droite AA′ en un point dont nous connaissons immédiatement la projection horizontale *a*, et qui se projette verticalement en *a′* sur A′. De même, la droite inconnue rencontre BB′ au point *bb′*, donc *a′b′* est la projection verticale demandée.

Un raisonnement analogue au précédent nous aurait permis de trouver la projection horizontale, si nous nous étions donné la projection verticale de la droite.

Si la construction ne réussit pas, soit parce que les points *aa bb'*, dont nous nous servons, sont en dehors de l'épure, ou bien parce qu'ils sont confondus, ce fait tenant à la disposition des droites AA', BB' choisies pour déterminer le plan, on n'a alors qu'à remplacer ces deux droites AA', BB' par d'autres droites mieux choisies dans le plan pour résoudre le problème.

58. — EXEMPLE. — *Soit à trouver* (fig. 30, pl. 3) *la projection verticale d'une droite contenue dans le plan* ABA'B', *connaissant la projection horizontale* C *de cette droite.*

Nous disons comme précédemment, la droite inconnue rencontre premièrementAA' au point *aa'* puis BB' en un point qui est ici en dehors des limites de l'épure. Remplaçons alors la droite BB' avec laquelle la construction ne réussit pas, par une droite quelconque $\alpha\beta\alpha'\beta'$, rencontrant les deux droites AA', BB'. On peut alors considérer le plan comme étant déterminé par les deux droites AA', $\alpha\beta\alpha'\beta'$, avec lesquelles la construction réussit.

Nous continuons donc le raisonnement en disant, la droite inconnue rencontre deuxièmement $\alpha\beta$ $\alpha'\beta'$, en $\gamma\gamma'$. Donc $\alpha'\gamma'$ est la projection verticale demandée.

Au lieu de choisir, comme nous l'avons fait, la droite AA' d'une manière tout à fait arbitraire, on peut la prendre parallèle à l'une des droites données. Par exemple, par un point de la droite BB', on peut mener une parallèle à AA', soit $A_1A'_1$, et l'on considère alors le plan donné comme étant déterminé par les deux droites AA', $A_1A'_1$.

59. — **Problème II.** — *Trouver un point d'un plan, connaissant une projection de ce point.*

Soit ABA'B' le plan donné (fig. 29, pl. 3), *m* la projection horizontale d'un point du plan. Par le point inconnu, je fais passer dans le plan une droite quelconque. La projection horizontale de cette droite auxiliaire sera une droite quelconque passant par le point *m*.

Projetons cette droite verticalement, comme nous l'avons fait dans le problème précédent, à l'aide de ses deux points de rencontre *aa'*, *bb'*, avec les deux droites qui déterminent le plan donné. Le point inconnu se projette alors verticalement en *m'* sur *a'b'*.

Ici encore, au lieu de choisir la droite auxiliaire *ab* absolument quelconque, on peut la prendre parallèle à l'une des droites qui déterminent le plan donné.

60. — Remarque. — Le problème que nous venons de résoudre peut s'énoncer de la manière suivante : Intersection de la verticale *m* avec le plan ABA'B' ; *mm'* est le point demandé.

III. — DROITES REMARQUABLES D'UN PLAN.

61. — On entend par *droites remarquables d'un plan, les horizontales et les lignes de front de ce plan*, puis, comme cas particuliers de ces droites, les *traces du plan*.

62. — **Horizontale.** — Pour construire une horizontale d'un plan déterminé par deux droites AA', BB' (fig. 31, pl. 3), nous nous donnerons arbitrairement sa projection verticale H' parallèle à la ligne de terre, puis nous projetterons horizontalement ses deux points de rencontre *aa'*, *bb'*, avec les deux droites AA', BB'. L'horizontale cherchée est donc *ab*, *a'b'*.

Si maintenant on veut obtenir une horizontale quelconque du même plan, il suffit de mener par un point du plan une parallèle à la première horizontale connue. On choisira par exemple le point sur l'une des droites qui déterminent le plan.

63. — **Trace horizontale.** — Comme cas particulier d'une horizontale, nous avons la *trace horizontale* du plan, c'est-à-dire l'intersection du plan donné avec le plan horizontal de projection. Cette horizontale particulière se projette verticalement suivant la ligne de terre ; on l'obtiendra donc, en appliquant la même construction que pour une horizontale quelconque.

Autrement dit, la trace horizontale d'un plan s'obtient en joignant par une droite les traces horizontales de deux des droites du plan.

Soit, par exemple, AA', BB' (fig. 32, pl. 3) les deux droites qui déterminent le plan donné, hh', $h_1h'_1$ les traces horizontales de ces deux droites ; hh_1, $h'h'_1$ sera alors la trace horizontale du plan.

Comme nous l'avons déjà fait remarquer pour la droite (29), au lieu de dire hh_1, $h'h'_1$ est la trace horizontale du plan, on se contente de dire hh_1 est la trace horizontale du plan, sans énoncer la projection verticale, parce qu'en disant trace horizontale, on sous-entend que la projection verticale se trouve sur la ligne de terre.

64.—Ligne de front.—Pour obtenir une ligne de front d'un plan, nous nous donnerons arbitrairement sa projection horizontale F parallèle à la ligne de terre, puis nous la projetterons verticalement à l'aide de ses deux points de rencontre avec deux des droites qui déterminent le plan donné.

Une ligne de front étant connue, les autres lignes de front seront toutes parallèles à la première, il suffira donc, pour déterminer l'une d'elles, de s'en donner un point.

65.—Trace verticale.—Comme cas particulier d'une ligne de front, nous avons la *trace verticale* du plan, qui se projette horizontalement sur la ligne de terre. Cette trace verticale s'obtient donc en joignant par une ligne droite les traces verticales des deux droites qui déterminent le plan. Ainsi $vv_1v'v'_1$ (fig. 32, pl. 3) est la trace verticale du plan.

Ici encore, on peut se contenter de dire $v'v'_1$ est la trace verticale du plan, parce qu'en disant trace verticale, on sous-entend que la projection horizontale se trouve sur la ligne de terre.

66. — Remarque. — Deux droites d'un plan se rencontrent, ou bien sont parallèles entre elles, il en est donc de même pour les deux traces d'un plan qui ne sont autre chose que deux droites du plan.

IV. — TRACES D'UN PLAN, DÉTERMINATION D'UN POINT, D'UNE DROITE DU PLAN.

67. — Dans l'exemple précédent (fig. 32, pl. 3), si nous appelons CC', DD' les deux traces du plan, nous voyons que ces deux traces se rencontrent en $\alpha\alpha'$ sur la ligne de terre. Il en doit être ainsi, car étant donné deux droites dans deux plans différents, ces deux droites ne peuvent se rencontrer que sur l'intersection des deux plans, à moins qu'elles soient toutes deux parallèles à cette intersection.

Ainsi en appelant P et P_1 les deux traces d'un plan, ces deux traces doivent rencontrer la ligne de terre au même point α et on nomme le plan $P\alpha P_1$.

Insistons encore une fois sur ce fait qu'*en nommant un plan de la manière suivante* $P\alpha P_1$, *il est déterminé par deux droites;*

l'une d'elles, la trace horizontale, par exemple, se projette horizontalement suivant Pα *et verticalement sur la ligne de terre; l'autre, la trace verticale, se projette verticalement suivant* $P_1\alpha$ *et horizontalement sur la ligne de terre.*

Pour montrer qu'il n'y a pas de différence entre la détermination d'un plan par deux droites et la détermination du plan par ses traces, nous allons reprendre dans ce dernier cas les deux problèmes déjà résolus sur le plan.

68. — Problème I. — *Trouver une droite d'un plan connaissant une projection de cette droite.*

Soit, par exemple, le plan $P\alpha P_1$ (fig.33, pl.3) et C la projection horizontale d'une droite du plan. La droite inconnue rencontre premièrement la trace horizontale du plan en un point projeté horizontalement en *a* sur Pα, et verticalement en *a'* sur la ligne de terre ; deuxièmement la trace verticale en un point projeté horizontalement en *b* sur la ligne de terre, et verticalement en *b'* sur $P_1\alpha$. La projection verticale demandée est donc *a'b'*.

Si la construction ne réussit pas, on remplace les deux traces à l'aide desquelles on a déterminé le plan par d'autres droites mieux choisies pour résoudre le problème.

69. — Problème II. — *Trouver un point d'un plan connaissant une projection de ce point.*

Soit $P\alpha P_1$ (fig. 34, pl. 3) le plan donné, et *m* la projection horizontale d'un point du plan. Par le point inconnu faisons passer dans le plan une droite quelconque que nous projetons verticalement comme dans le problème précédent. On en déduit la projection verticale demandée.

Au lieu d'une droite auxiliaire quelconque, on peut prendre une parallèle à l'une des droites qui déterminent le plan, c'est-à-dire une horizontale ou une ligne de front du plan.

Dans l'épure, on a pris l'horizontale du plan passant par le point *m*, elle est parallèle à la trace horizontale du plan, par suite sa projection horizontale est une parallèle à Pα menée par *m*. Cette horizontale rencontre la trace verticale du plan au point *vv'*, d'où il résulte que sa projection verticale est une parallèle à la ligne de terre menée par *v'*. La ligne de rappel du point *m* donne donc en *m'* la projection verticale demandée.

V. — PONCTUATION D'UN PLAN.

70. — Maintenant que nous savons déterminer les traces d'un plan, nous allons facilement établir la ponctuation du plan.

Proposons-nous par exemple (fig. 32, pl. 3), de *représenter le système du plan donné et des deux plans de projection supposés tous les trois opaques et prolongés indéfiniment.*

Le plan donné n'étant coupé par une ligne droite qu'en un seul point, il nous suffit d'établir la ponctuation de chaque droite du plan seulement par rapport aux deux plans de projection.

Occupons-nous d'abord de la projection horizontale.

1° La droite AA′ est vue en projection horizontale dans toute la région *hv* jusque l'infini à droite, puisque dans toute cette région elle est au-dessus du plan horizontal. Au contraire, elle est cachée à gauche de *h*.

2° La droite BB′ est vue dans la région h_1v_1 jusque l'infini à gauche, et cachée à droite de h_1.

3° CC′ est vue tout entière, puisqu'elle est dans le plan horizontal.

Passons maintenant à la projection verticale.

1° La droite AA′ est vue dans toute la région *v′h′* jusque l'infini à gauche, puisque dans toute cette région elle est en avant du plan vertical, elle est au contraire cachée à droite de *v′*.

2° BB′ est vue dans la région *v′h′* jusque l'infini à droite, et cachée à gauche de v'_1.

3° DD′ est vue tout entière en projection verticale, puisque cette droite est dans le plan vertical.

VI. — PLANS REMARQUABLES.

71. — Nous entendrons par *plans remarquables,* les plans perpendiculaires ou parallèles aux plans de projection ou aux plans bissecteurs.

72. — **THÉORÈME.** — *Tout plan perpendiculaire au plan* *horizontal a sa trace verticale perpendiculaire sur la ligne de terre.*

En effet, le plan donné et le plan vertical de projection sont perpendiculaires tous deux au plan horizontal, donc leur intersection, c'est-à-dire la trace verticale du plan, est également perpendiculaire au plan horizontal. Il en résulte que la trace verticale du plan est perpendiculaire à la ligne de terre qui passe par son pied dans le plan horizontal.

73. — Réciproque. — *Tout plan ayant sa trace verticale perpendiculaire à la ligne de terre est perpendiculaire au plan horizontal.*

En effet, puisque les deux plans de projection sont rectangulaires, la trace verticale étant menée dans le plan vertical perpendiculairement à la ligne de terre, elle est aussi perpendiculaire au plan horizontal. Il en est de même pour tout plan passant par cette droite, et en particulier pour le plan donné.

Ainsi tout plan tel que $P\alpha P_1$ (fig. 35, pl. 3) est perpendiculaire au plan horizontal. On l'appelle un plan vertical.

74.— THÉORÈME.— *Tout point d'un plan vertical se projette horizontalement sur la trace horizontale du plan.*

En effet, on sait qu'étant donné deux plans rectangulaires, si d'un point de l'un d'eux on abaisse une perpendiculaire sur l'autre, elle est contenue dans le premier. Donc toutes les projetantes des points du plan donné relativement au plan horizontal sont contenues dans le plan donné, et par suite leurs traces horizontales se trouvent sur la trace horizontale du plan donné; or la trace horizontale d'une projetante verticale est précisément la projection horizontale du point.

75. — Réciproque. — *Tout point ayant sa projection horizontale sur la trace horizontale d'un plan vertical est contenu dans ce plan vertical.*

En effet, le plan étant vertical, la projetante déterminée par la projection connue est contenue tout entière dans le plan donné, et par suite le point inconnu se trouvant sur cette projetante est lui-même dans le plan donné.

Ainsi mm' est un point du plan $P\alpha P_1$ (fig. 35, pl. 3). On serait évidemment arrivé au même résultat en appliquant la construction indiquée pour trouver un point d'un plan, connaissant la projection verticale de ce point.

A l'aide d'un raisonnement analogue au précédent, on démontrera les deux théorèmes suivants :

76. — THÉORÈME. — *Tout plan perpendiculaire au plan vertical a sa trace horizontale perpendiculaire à la ligne de terre, et réciproquement tout plan ayant sa trace horizontale perpendiculaire sur la ligne de terre est perpendiculaire au plan vertical.*

77. — THÉORÈME. — *Tout point d'un plan perpendiculaire au plan vertical se projette verticalement sur la trace du plan, et réciproquement, tout point de la trace verticale du plan peut être considéré comme étant la projection verticale d'un point du plan.*

Ainsi le plan $R_1 \alpha R_1$ (fig. 36, pl. 3) est perpendiculaire au plan vertical, de plus *nn'* est un point de ce plan.

78. — Plan de front. — Un *plan de front* est un cas particulier d'un plan vertical, que l'on suppose devenu parallèle au plan vertical de projection.

Les traces d'un plan de front et du plan vertical de projection sur le plan horizontal sont donc parallèles entre elles. Ainsi, la trace horizontale d'un plan de front est parallèle à la ligne de terre. Enfin le plan de front étant parallèle au plan vertical, il n'a pas de trace verticale.

Tous les points d'un plan de front se projettent horizontalement sur la trace horizontale.

Ainsi F représente un plan de front, *mm'* est de plus un point de ce plan (fig. 37, pl. 3).

79. — REMARQUE I. — *Toute figure contenue dans un plan de front se projette verticalement suivant une figure égale.*

80. — Plan horizontal. — Un *plan horizontal*, c'est-à-dire parallèle au plan horizontal de projection, est un cas particulier d'un plan perpendiculaire au plan vertical. Un tel plan n'a plus que sa trace verticale, parallèle à la ligne de terre (fig. 38, pl. 3); la trace horizontale est à l'infini.

Enfin, tous les points d'un plan horizontal se projettent verticalement sur la trace verticale du plan.

81. — Remarque II. — *Toute figure contenue dans un plan horizontal se projette horizontalement suivant une figure égale.*

82. — Plan de profil. — Un *plan de profil* est perpendiculaire simultanément sur les deux plans de projection, et par suite sur la ligne de terre, il a ses deux traces confondues suivant une perpendiculaire à la ligne de terre (fig. 39, pl. 3).

Tous les points d'un plan de profil se projettent horizontalement et verticalement sur les deux traces.

83. — THÉORÈME. — *Tout plan ayant ses deux traces symétriques par rapport à la ligne de terre est perpendiculaire sur le premier plan bissecteur* (fig. 40, pl. 4).

En effet, si nous coupons un tel plan par un plan de profil, la droite *aba'b'* ainsi obtenue est perpendiculaire au premier plan bissecteur, puisque les deux longueurs *ab, a'b'*, sont égales et dirigées dans le même sens.

84. — Réciproque. — *Tout plan perpendiculaire au premier plan bissecteur a ses deux traces symétriques par rapport à la ligne de terre* (fig. 40, pl. 4).

En effet, menons par le point *aa'*, qui est dans le plan horizontal, une perpendiculaire au premier plan bissecteur, sa trace verticale se projette horizontalement en *b* sur *xy*, et verticalement en *b'*, que l'on obtient en portant *a'b'* égal à *ab* et dans le même sens. Tout plan passant par *ab, a'b'* sera perpendiculaire au premier plan bissecteur, et comme ses deux traces doivent passer respectivement par *a* et *b'*, pour se couper sur la ligne de terre, il en résulte que ces deux traces sont symétriques par rapport à la ligne de terre.

85. — THÉORÈME. — *Tout plan ayant ses deux traces confondues est perpendiculaire sur le deuxième plan bissecteur* (fig. 41, pl. 4).

En effet, si nous coupons un tel plan par un plan de profil, la droite ainsi obtenue *aba'b'* est perpendiculaire au deuxième plan bissecteur, puisque les deux longueurs *ab, a'b'* sont égales et en sens contraire.

La réciproque se démontre de la même manière que celle du théorème précédent.

86. — *Tout plan parallèle à la ligne de terre a ses deux traces* PP_1 (fig. 42, pl. 4) *parallèles à la ligne de terre.*

87. — *Tout plan parallèle au premier plan bissecteur a ses deux traces confondues suivant une parallèle à la ligne de terre* (fig. 43, pl. 4).

En effet, un tel plan est à la fois parallèle à la ligne de terre, et perpendiculaire sur le deuxième plan bissecteur.

88.—Enfin, *tout plan parallèle au deuxième plan bissecteur a ses deux traces parallèles et symétriques par rapport à la ligne de terre* (fig. 44, pl. 4).

En effet, ce plan est à la fois parallèle à la ligne de terre et perpendiculaire sur le premier plan bissecteur.

VII. — PLANS PARALLÈLES.

89. — Problème. — *Mener par un point de l'espace un plan parallèle à un plan donné.*

Pour mener par un point de l'espace un plan parallèle à un plan donné, il suffit de mener par le point deux parallèles à deux droites du plan donné ; ces deux droites n'étant pas parallèles entre elles.

Supposons, par exemple, le plan primitif déterminé par deux droites quelconques AA', BB' (fig. 45, pl. 4). Nous menons par le point donné *oo'* deux parallèles aux deux droites AA', BB', soit $\alpha\alpha'$, $\beta\beta'$. Ces deux lignes déterminent le plan demandé.

Supposons encore le plan déterminé par ses deux traces (fig. 46, pl. 4). Nous mènerons par le point donné *oo'* deux parallèles à ces deux traces, et alors le plan demandé sera déterminé par une horizontale HH' et une ligne de front FF'.

90. — Si l'on avait voulu déterminer immédiatement une trace du plan et une seule, il eût été inutile de dessiner à la fois l'horizontale et la ligne de front.

Proposons-nous, par exemple, de mener par *oo'* (fig. 47, pl. 4) un plan parallèle au plan $P\alpha P_1$, et de trouver uniquement la trace horizontale du plan inconnu. Menons alors par le point *oo'* la ligne de front du plan inconnu *of, o'f'* ; sa trace horizontale *ff'* appartient à la trace horizontale du plan demandé. Il suffit alors de mener par ce point une parallèle à la trace horizontale du plan donné, et l'on aura suivant Rβ la trace horizontale demandée.

De même si l'on avait voulu trouver immédiatement la trace verticale du plan, on aurait dessiné l'horizontale passant par oo'.

91. — Problème. — *Mener par une droite un plan parallèle à une droite donnée.*

Le plan inconnu sera déterminé par la droite primitive et par une parallèle à la direction donnée, menée par un point quelconque de la première droite.

92. — Problème. — *Mener par quatre points* a_0, b_1, c_2, d_3 *quatre plans parallèles entre eux et équidistants.*

Joignons les deux points a_0, d_3 par une ligne droite et partageons cette droite dans l'espace en trois parties égales. Il suffit pour cela de partager les projections de a_0, d_3 en trois parties égales. Nous obtenons ainsi les points β_1, γ_2. Considérons alors les deux droites $b_1\beta_1$, $c_2\gamma_2$, et menons par chacun des points a_0, b_1, c_2, d_3 un plan parallèle à ces deux droites, en employant la même construction que si ces deux droites étaient dans le même plan.

On vérifiera que ce problème présente douze solutions, en faisant varier les positions des indices 0, 1, 2, 3 dont on a affecté les lettres a, b, c, d, ces indices représentant le rang du plan correspondant.

VIII. — EXERCICES.

1. Construire une horizontale de grandeur donnée s'appuyant sur deux droites quelconques.

2. Trouver la plus petite horizontale s'appuyant sur deux droites quelconques.

3. Par une droite mener un plan dont les distances à deux points donnés soient entre elles comme m et n.

4. Par un point o mener un plan dont les distances à trois points soient entre elles comme m, n, p.

5. Trouver un plan dont les distances à quatre points soient entre elles comme m, n, p, q.

6. Étant donné deux droites dont les projections horizontales sont parallèles, démontrer que toutes les horizontales s'appuyant sur ces deux droites passent en projection horizontale par un point fixe.

LIVRE II

INTERSECTION DE DROITES ET DE PLANS

CHAPITRE PREMIER

93. — Problème. — *Intersection d'une ligne quelconque et d'un plan perpendiculaire à l'un des plans de projection.*

Soit, par exemple, la ligne LL' (fig. 48, pl. 4) déterminée par ses deux projections et le plan vertical $P\alpha P_1$. Nous savons que tout point d'un plan vertical $P\alpha P_1$ se projette horizontalement sur la trace horizontale $P\alpha$, donc le point inconnu se projette horizontalement en m à l'intersection de L avec $P\alpha$ et verticalement en m' sur L'.

On emploierait identiquement la même construction si au lieu d'une ligne quelconque, on avait une ligne droite.

I. — INTERSECTION D'UNE DROITE ET D'UN PLAN.

94. — Pour obtenir d'une manière générale l'intersection d'une ligne L et d'une surface S, on fait passer par la ligne L une surface auxiliaire S_1, dont on détermine l'intersection I avec la surface primitive S. Cette dernière ligne I rencontre la ligne donnée L au point demandé. La seule difficulté consiste donc dans le choix de la surface S_1 que l'on devra prendre de manière à obtenir simplement la ligne I.

Dans le cas d'une droite et d'un plan, nous choisirons comme surface auxiliaire, la plus simple que nous ayons à notre disposition, c'est-à-dire un plan, et pour profiter de l'exemple précédent, nous prendrons de préférence l'un des plans projetants de la droite.

95. — Soit donc la droite DD′ et le plan ABA′B′ (fig. 49, pl. 4). Prenons comme surface auxiliaire le plan qui projette horizontalement la droite, c'est-à-dire le plan vertical D. Ce plan coupera le plan donné ABA′B′ suivant une ligne droite dont nous pouvons trouver immédiatement deux points, ce sont les deux points de rencontre du plan vertical D avec les deux droites AA′, BB′ qui déterminent le plan donné. Ainsi donc le plan auxiliaire coupe le plan donné suivant *ab a′b′*, qui à son tour rencontre la droite donnée au point *mm′*.

Cette construction doit toujours réussir quand la droite DD′ n'est pas dans un plan de profil, parce qu'on a toujours le droit, si les points *aa′*, *bb′* ne se trouvent pas dans les limites de l'épure ou bien sont confondus, de remplacer les droites AA′, BB′ qui déterminent le plan, par d'autres droites mieux choisies dans le plan, comme nous avons eu déjà l'occasion de le faire (60).

II. — PONCTUATION.

96. — Proposons-nous, dans cet exemple, de *représenter le système formé par la droite et le plan supposé opaque et prolongé indéfiniment, les plans de projection étant transparents.*

Le plan donné ainsi que toutes les droites du plan seront complétement visibles, nous n'avons donc ici qu'à nous occuper de la ponctuation de la droite par rapport au plan.

Remarquons d'abord que la limite de la ponctuation de la droite, quelle que soit la position de l'observateur, sera toujours le point de rencontre *mm′* de la droite avec le plan. Occuponsnous alors de la projection horizontale.

97. —Considérons d'une manière générale, une verticale passant par un point de la droite ; puis déterminons l'intersection de cette verticale avec le plan. Si ce nouveau point est au-dessous du premier, c'est que le premier point de la droite est vu.

Comme il faut autant que possible éviter l'emploi de constructions supplémentaires pour établir la ponctuation, nous choisirons une verticale s'appuyant à la fois sur la droite donnée, et sur l'une des droites connues du plan. Par exemple, la verticale *a* rencontre DD′ en $\delta\delta'$ et AA′, et par suite le plan en *aa′*. Nous constatons alors que le point *aa′* est au-dessus de $\delta\delta'$, donc le point $\delta\delta'$ de la droite est caché en projection horizontale par le point *aa'* du plan.

Ainsi, en projection horizontale, la droite est cachée depuis le point *m* jusque l'infini à gauche en passant par δ.

A droite de *m*, D est vue.

98. — Nous allons procéder de même pour la projection verticale. Considérons la perpendiculaire au plan vertical s'appuyant sur DD' et sur BB', par exemple ; elle rencontre DD' en $\delta_1\delta'_1$ et BB' en $b_1b'_1$. Nous constatons que le point $b_1b'_1$ est en avant du point $\delta_1\delta'_1$, donc le point $\delta_1\delta'_1$ est caché, et il en est de même pour tous les points de la droite DD' placés du même côté que $\delta_1\delta'_1$ par rapport à *mm'*. Ainsi toute la région de la droite DD' qui est à droite de *mm'* est cachée en projection verticale, celle qui est à gauche est vue.

Avec cette hypothèse des deux plans de projection transparents, on devra faire la ligne de terre en ligne de construction.

III. — CAS PARTICULIERS.

99. — **Exemple I**. — *Intersection d'un plan avec une verticale.*

Ce problème a déjà été résolu, quand nous avons déterminé un point d'un plan connaissant une projection de ce point (60).

100. — **Exemple II**. — *Le plan est déterminé par ses deux traces* (fig. 50, pl. 4).

Nous dirons, comme dans l'exemple général, le plan projetant horizontalement la droite coupe premièrement la trace horizontale du plan au point *hh'*, deuxièmement la trace verticale du plan au point *vv'*, et par suite le plan donné suivant *hvh'v'* qui à son tour rencontre la droite donnée au point demandé *mm'*.

101. — PONCTUATION. — Proposons-nous ici de *représenter le système formé par la droite, le plan donné opaque et les deux plans de projection également opaques*, en profitant de ce que nous connaissons les traces du plan.

Premièrement, les traces du plan sont vues tout entières, comme nous l'avons déjà reconnu en étudiant le plan. Il nous reste donc à établir la ponctuation de la droite par rapport au plan donné, et par rapport aux plans de projection.

Occupons-nous d'abord de la projection horizontale. La verticale b coupe la droite au point bb' et la trace verticale du plan, et par suite le plan au point vv'. Donc le point bb' de la droite est caché en projection horizontale par le point vv' du plan. Il en résulte que toute la région mb jusque l'infini à droite est cachée par le plan. D'ailleurs à gauche du point a, la droite est cachée par le plan horizontal. Donc am est la seule région vue en projection horizontale.

Passons maintenant à la projection verticale. La perpendiculaire au plan vertical k' coupe la droite en aa', le plan en kk', donc le point a est vu en projection verticale, et il en est de même pour toute la région à gauche de m'. Cette même région étant aussi en avant du plan vertical, elle reste vue dans le système que nous voulons représenter.

102. — Exemple III. — *La construction ordinaire ne réussit pas.*

Dans cet exemple (fig. 51, pl. 4), le plan projetant horizontalement C coupe AA' et BB' au même point, la construction est donc en défaut.

Choisissons alors le plan projetant verticalement la droite, il coupe BB' dans les limites de l'épure, mais il ne rencontre pas AA' dans les limites de l'épure.

Il peut alors se présenter deux cas, ou bien A' et C' ne sont pas parallèles, et alors on remplace AA' par une autre droite du plan, ou bien, comme nous l'avons supposé dans la figure, A' et C' sont parallèles, et alors la construction réussit parfaitement.

Le plan projetant verticalement C' coupe BB' en bb' et AA' à l'infini. Donc le plan auxiliaire coupe le plan donné suivant une parallèle à AA', menée par bb'. Cette droite $b\alpha b'\alpha'$ rencontre la droite donnée CC' au point demandé mm'.

103. — Exemple IV. — *Intersection d'une droite* CC' *et d'un plan déterminé par la ligne de terre et un point* (fig. 52, pl. 4).

Nous commencerons par construire une deuxième droite du plan. Nous obtiendrons cette droite en joignant le point aa' à un point quelconque de la ligne de terre. Prenons, par exemple, la parallèle à la ligne de terre menée par aa', soit AA'. Le plan est alors déterminé par deux droites AA′ et la ligne de terre BB′, et la construction réussit comme à l'ordinaire.

104. — Exemple V. — *La droite donnée est dans un plan de profil* (fig. 53, pl. 4).

Le plan projetant horizontalement la droite mn coupe ABA′B′ suivant $aba'b'$. Le problème revient donc au suivant, trouver le point de rencontre de deux droites contenues dans le même plan de profil. Le point cherché est ici pp', il a été obtenu à l'aide d'une projection oblique, parallèle à $axa'x'$ (57).

Pour établir la ponctuation de la droite, on déterminera successivement les points de rencontre de la verticale m et de la perpendiculaire au plan vertical m' avec le plan.

IV. — EXERCICES.

105. — **1.** *Mener par un point une droite s'appuyant sur deux droites données.*

Par le point et l'une des droites, on mène un plan dont on cherche l'intersection avec l'autre droite donnée; en joignant ce point au point donné, on aura la droite demandée.

106. — **2.** *Mener une parallèle à une droite donnée s'appuyant sur deux droites données.*

Par l'une des droites, on mène un plan parallèle à la direction donnée; puis on cherche l'intersection de ce plan avec la deuxième droite. Il ne reste plus qu'à mener par ce point une parallèle à la direction donnée.

107. — 3. *Construire une parallèle à un plan s'appuyant sur deux droites données.*

On considère une droite quelconque du plan, puis on construit une parallèle à cette droite s'appuyant sur les deux droites données. On peut également couper les deux droites par un plan quelconque parallèle au plan donné, et joindre les deux points ainsi obtenus par une ligne droite. Comme on le voit, ce problème présente une infinité de solutions.

108. — 4. *Construire une droite s'appuyant sur trois droites données.*

Par un point de l'une des droites et l'une des deux autres on mène un plan dont on cherche l'intersection avec la troisième droite. En joignant le point ainsi obtenu au premier point choisi arbitrairement, on aura la droite demandée. Ce problème, comme le précédent, présente encore une infinité de solutions.

CHAPITRE II

I. — INTERSECTION DE DEUX PLANS.

109. — D'une manière générale, pour trouver un point de l'intersection de deux surfaces SS_1, on coupe ces deux surfaces par une troisième surface auxiliaire Σ, elle coupe les deux surfaces données, suivant deux lignes cc_1, dont le point commun M est le point demandé.

En répétant cette construction un certain nombre de fois, on aura autant de points que l'on voudra de l'intersection I des deux surfaces S et S_1.

Il reste alors à choisir les surfaces auxiliaires, de telle manière que la détermination des lignes c et c_1 soit aussi simple que possible.

110. — Dans le cas de deux plans, l'intersection étant une ligne droite, il nous suffira d'en déterminer deux points. Comme surface auxiliaire, nous choisirons chaque fois un plan, et de plus, autant que possible, un plan perpendiculaire à l'un des plans de projection.

Parmi ces plans, nous pourrons choisir en particulier un plan projetant une droite de l'un des plans, ou bien un plan parallèle à l'un des plans de projection, ou enfin, suivant les circonstances, les plans de projection eux-mêmes. Ces différents choix, rentrant toujours dans la méthode générale, dépendent bien entendu de la nature des données.

Soit par exemple (fig. 54, pl. 5), AA',BB' les deux droites qui déterminent le premier plan, CC', DD', celles qui déterminent le second plan.

Prenons comme plan auxiliaire le plan projetant horizontalement C; il coupe ABA'B' suivant *aba'b'* et le plan CDC'D' suivant la droite CC′ elle-même, nous avons donc en $\gamma\gamma'$ un premier point de l'intersection.

Si maintenant nous prenons comme plan auxiliaire le plan projetant horizontalement D, il coupera d'abord le plan CDC′D′ suivant la droite DD′ elle-même, et le plan ABA′B′ suivant $a_1b_1a'_1b'_1$, ce qui nous donne en $\delta\delta'$ un deuxième point de l'intersection.

En résumé, $\gamma\delta\gamma'\delta'$ est l'intersection demandée.

Comme vérification, cette droite étant contenue simultanément dans les deux plans, elle doit rencontrer toutes les droites des deux plans donnés ; par exemple elle rencontre AA′ en $\alpha\alpha'$, et BB′ en $\beta\beta'$.

111. — Remarque. — Cette manière de procéder revient à celle-ci : pour trouver un point de l'intersection de deux plans, on cherche l'intersection d'une droite de l'un des plans avec l'autre plan.

112. — Si la construction ne réussissait pas avec les plans que nous avons choisis, on pourrait choisir les plans projetant horizontalement A et B, ou encore les quatre plans projetant verticalement les quatre droites. Si même avec toute cette variété de plans auxiliaires, les constructions ne pouvaient réussir, on recourrait au procédé général, dans lequel le plan auxiliaire étant assujetti à la seule condition d'être perpendiculaire à l'un des plans de projection, ce plan peut alors être choisi arbitrairement de manière à faire toujours réussir la construction.

L'avantage que présentent les premiers plans indiqués est que l'intersection de chaque plan auxiliaire avec l'un des plans donnés est toute trouvée, de telle sorte qu'on n'a à construire que l'intersection de ce plan auxiliaire avec l'autre plan.

II. — PONCTUATION.

113. — Proposons-nous de *représenter* dans cette épure *le système des deux plans supposés opaques et prolongés indéfiniment, les deux plans de projection étant transparents.*

Premièrement, chaque plan pris isolément étant vu tout entier, dans le système des deux plans opaques, leur intersection est vue tout entière. En effet, soit M un point quelconque de l'intersection, le rayon visuel qui part de ce point rencontre le système des deux plans en deux points confondus en M, et qui par suite sont vus tous les deux.

Il nous reste alors à établir la ponctuation de chaque droite de l'un des plans par rapport à l'autre plan, la limite entre les parties vues et cachées se trouvant d'ailleurs sur l'intersection des deux plans donnés.

Une seule opération suffira pour établir complétement cette ponctuation. Considérons, par exemple, la verticale qui s'appuie sur AA' et CC', elle rencontre AA' en *aa'* et CC' en *cc'*; nous constatons alors que, en projection horizontale, le point *aa'* de AA' est vu, tandis que le point *cc'* de CC' est caché. Alors toute la région de AA', qui est du même côté que *a* par rapport à α, est vue en projection horizontale, tandis que toute la région de C, qui est du même côté que *c* par rapport à γ, est cachée.

Pour avoir maintenant la ponctuation de B, considérons le point de rencontre de BB' avec AA', ce point aura évidemment la même ponctuation pour les deux droites AA'BB'. Dans notre exemple, ce point est vu; donc toute la région de B qui est à gauche de β est vue en projection horizontale.

On procédera de la même manière pour D et pour la projection verticale.

III. — CAS PARTICULIERS.

114. — Exemple I. — *Intersection de deux plans déterminés chacun par ses traces.*

Ici les plans auxiliaires les plus simples qui se présentent sont les plans de projection.

Coupons, par exemple, les deux plans donnés par le plan horizontal, nous obtiendrons les deux traces horizontales $P\alpha R\beta$ (fig. 55, pl. 5) qui se rencontrent en *hh'*. Ce point *hh'* sera précisément la trace horizontale de l'intersection des deux plans.

Si maintenant, nous prenons comme plan auxiliaire le plan vertical, nous trouvons les traces verticales $P_1\alpha R_1\beta$ qui se rencontrent en *vv'*.

Ce nouveau point *vv'* est la trace verticale de l'intersection, et enfin *hvh'v'* est l'intersection elle-même.

115. — Ponctuation. — Comme dans cette épure, nous avons les traces des plans, nous allons nous proposer de *représenter le système des deux plans donnés et des deux plans de projection supposés tous opaques et prolongés indéfiniment.*

Occupons-nous d'abord de l'intersection ; en supposant les deux plans de projection transparents, elle serait vue tout entière, mais comme ils sont opaques, en projection horizontale hv sera vue jusque l'infini à droite, et en projection verticale $v'h'$ sera vue jusque l'infini à gauche.

Passons maintenant à la ponctuation des traces. La limite de la ponctuation pour ces différentes droites se trouve sur l'intersection des deux plans. D'ailleurs on n'a pas ici à tenir compte des plans de projection, puisque nous avons reconnu que les deux traces d'un plan étaient complétement vues.

La verticale β, par exemple, rencontre le plan $R\beta R_1$ en $\beta\beta'$ et le plan $P\alpha P_1$ en bb', donc le point β du plan $R\beta R_1$ est caché en projection horizontale par le point bb' du plan $P\alpha P_1$. Il résulte de là que la portion $h\beta$ jusque l'infini à droite est cachée. Ainsi le plan $R\beta R_1$ est caché à droite de l'intersection, c'est donc que le plan $P\alpha P_1$ est vu de ce côté, et par suite la portion $h\alpha$ jusque l'infini à gauche est cachée aussi.

On procédera de la même manière en projection verticale, en tenant compte, par exemple, des points de rencontre de la perpendiculaire au plan vertical β' avec les deux plans donnés.

Les plans de projection étant supposés opaques, la ligne de terre sera marquée en trait plein.

Dans cet exemple, nous avons pris comme plans auxiliaires les plans de projection, parce que nous connaissions les intersections des plans donnés avec ces deux plans de projection. D'une manière générale, il faudra voir si, d'après la disposition des données, une droite de l'un des plans rencontre une droite de l'autre plan, parce que ce point fait alors partie de l'intersection. De même, il faudra voir si une droite de l'un des plans est parallèle à une droite de l'autre plan, parce que dans ce cas on connaîtra la direction de l'intersection. Il suffira donc de chercher un seul point de l'intersection. Nous aurons l'occasion d'appliquer ces remarques dans les exemples qui vont suivre, comme on aurait pu le faire dans le dernier exemple.

116. — Exemple II. — *Intersection de deux plans ayant deux traces de même nom parallèles entre elles.*

Soit les deux plans $P\alpha P_1$, $R\beta R_1$ (fig. 56, pl. 5), dont les traces horizontales sont parallèles entre elles, l'intersection est alors parallèle à ces deux traces. Nous avons d'ailleurs un point de l'intersection, c'est le point de rencontre vv' des deux traces verticales. Il suffit donc, pour avoir l'intersection des deux plans, de tracer l'horizontale de l'un des plans passant par le point vv'.

Si les traces verticales des deux plans étaient parallèles entre elles, on aurait comme intersection la ligne de front passant par le point de rencontre des deux traces horizontales.

Bien entendu, si dans les deux projections les traces de même nom des deux plans étaient parallèles entre elles, on n'aurait pas à chercher l'intersection des deux plans, puisque dans ce cas les deux plans seraient parallèles entre eux.

117. — **Exemple III**.—*Intersection de deux plans coupant la ligne de terre au même point.*

Soit les deux plans $P\alpha P_1$, $R\alpha R_1$ (fig. 57, pl. 5). Le point $\alpha\alpha'$ est évidemment un premier point de l'intersection, il suffit alors d'en déterminer un deuxième.

Remarquons ici que le point $\alpha\alpha'$ est donné simultanément par les deux plans de projection, nous devons donc employer de nouveaux plans auxiliaires différents des premiers. Dans l'épure, on a pris le plan horizontal H_1 d'où on déduit le point mm'. Ainsi $m\alpha m'\alpha'$ est l'intersection des deux plans.

118. — **Exemple IV**. — *Intersection de deux plans parallèles à la ligne de terre et déterminés par leurs traces.*

L'intersection est elle-même parallèle à la ligne de terre, il suffit donc d'en trouver un point. Les plans de projection de même que les plans parallèles aux plans de projection donnent chaque fois le même point à l'infini. Il faut donc revenirau procédé général qui consiste à couper par un plan simplement perpendiculaire à l'un des plans de projection.

Coupons, par exemple, les deux plans PP_1RR_1 (fig. 58, pl. 5) par le plan $S\gamma S_1$, qui est perpendiculaire au plan vertical.

On en déduit le point mm', par lequel il faut mener une parallèle à la ligne de terre.

119. — **Exemple V**.—*Intersection de deux plans parallèles à la ligne de terre et déterminés par deux droites dans le même plan de profil.*

Commençons par construire deux droites de chaque plan, par exemple des parallèles à la ligne de terre menées par les quatre points *aa'*, *bb'*, *cc'*, *dd'* (fig. 59, pl. 5), puis coupons les deux plans donnés par un troisième perpendiculaire au plan vertical P_1. Les deux droites ainsi obtenues $\alpha\beta\alpha'\beta'$, $\gamma\delta\gamma'\delta'$ se rencontrent en $\mu\mu'$ qui est un point de l'intersection. Il ne reste plus qu'à mener par ce point une parallèle à la ligne de terre.

120. — Remarque. — Le point de rencontre de l'intersection des deux plans avec la ligne de rappel *a* donne en *mm'* le point de rencontre des deux droites *aba'b'*, *cdc'd'*.

121. — **Exemple VI.** — *Intersection de deux plans ayant chacun d'eux ses traces confondues, ces plans coupant la ligne de terre au même point.*

Soit les deux plans $P\alpha P_1$, $R\alpha R_1$ (fig. 60, pl. 5), $\alpha\alpha'$ est un premier point de l'intersection. Pour en trouver un deuxième, coupons les deux plans donnés par le plan horizontal H_1, les deux horizontales ainsi déterminées se rencontrent en *mm'* ; donc $m\alpha m'\alpha'$ est l'intersection demandée. Les deux triangles mvv_1, $\alpha'v'v'_1$ sont égaux comme ayant un côté égal $vv_1 = v'v'_1$ adjacent à deux angles égaux chacun à chacun. Donc *mv* est égal $\alpha'v'$, par suite $m\alpha'$ est parallèle à *vv'*. En résumé, la ligne de rappel du point *m* passe par α, et alors $\alpha m\alpha'm'$ est dans un plan de profil. D'un autre côté, les deux longueurs αm, $\alpha'm'$ sont égales entre elles, puisqu'elles sont égales toutes deux à *vv'*; donc $\alpha m\alpha'm'$ est l'intersection du plan de profil avec le premier plan bissecteur. Cette droite est alors perpendiculaire au deuxième plan bissecteur, d'où il résulte, comme nous le savions déjà (87), que les deux plans $P\alpha P_1$, $R\alpha R_1$ sont perpendiculaires tous deux au deuxième plan bissecteur.

122. — **Exemple VII.** — *Intersection de deux plans dont les traces de noms contraires coïncident.*

Soit les deux plans $P\alpha P_1$, $R\alpha R_1$ (fig. 61, pl. 5); $\alpha\alpha'$ est toujours un premier point de l'intersection. Pour en trouver un deuxième, coupons les deux points donnés par le plan horizontal H_1. On obtient ainsi le point *mm'* dont les deux projections coïncident.

Cette propriété tient à l'égalité des deux triangles $mvv'\alpha'v'v'_1$. Donc l'intersection des deux plans $m\alpha m'\alpha'$ est dans le deuxième plan bissecteur. On aurait pu prévoir ce résultat de la manière suivante : La trace horizontale P coïncidant avec la trace verticale R_1, ces deux droites sont symétriques par rapport au deuxième plan bissecteur. Il en est de même pour la trace horizontale R et pour la trace verticale P_1. Donc les deux plans sont symétriques par rapport au deuxième plan bissecteur, et par suite, leur intersection est contenue dans ce deuxième plan bissecteur.

123. — Exemple VIII. — *Intersection de deux plans dont les traces ne se coupent pas dans les limites de l'épure.*

Au lieu d'employer comme plans auxiliaires les plans de projection, on prendra ici des plans parallèles aux plans de projection, par exemple le plan horizontal le plus haut ou le plus bas dans les limites de l'épure et le plan de front le plus en avant ou le plus en arrière dans les limites de l'épure.

On peut encore chercher la direction de l'intersection, en remplaçant les deux plans donnés par deux plans parallèles dont les traces se coupent dans les limites de l'épure, puis on déterminera un point de l'intersection, et par ce point on mènera une parallèle à la direction trouvée.

124. — Problème I. — *Mener par un point une droite s'appuyant sur deux droites données.*

Par le point et les deux droites, on fait passer deux plans dont l'intersection est la droite demandée. Pour trouver cette intersection, il suffit d'en chercher un point, puisqu'on connait déjà le point donné.

125. — Problème II. — *Mener une parallèle à une droite donnée s'appuyant sur deux droites données.*

Par les deux droites, on mènera deux plans parallèles à la direction donnée, leur intersection sera la droite demandée. Ici encore, il suffit de chercher un seul point de la droite inconnue, puisqu'on en connait la direction.

IV. — POINT COMMUN A TROIS PLANS.

126. — *Soit à trouver le point commun aux trois plans* $P\alpha P_1$, $R\beta R_1$, $S\gamma S_1$ (fig. 62, pl. 5).

Pour résoudre cette question, il suffit de déterminer les intersections de ces plans deux à deux. Soit, par exemple, *aba'b'*, *cdc'd'*, *efe'f'* ces intersections ; comme vérification, ces trois droites se rencontrent au même point *mm'* qui est le point demandé.

127. — Ponctuation I. — Proposons-nous de *représenter* dans cette épure, *le système des trois plans donnés et des deux plans de projection, ces plans étant supposés tous opaques.*

Occupons-nous d'abord de la projection horizontale. La verticale α rencontre les deux plans $S\gamma S_1$, $R\beta R_1$ au-dessus du point αα' du plan $P\alpha P_1$. Donc le point α du plan $P\alpha P_1$ est caché simultanément par les deux plans R et S. Si alors nous marchons sur αP dans le sens αP, en arrivant en *e*, on traverse le plan γ ; et par suite la droite αP redevient vue par rapport à γ, mais elle reste cachée par le plan β. Il en est ainsi jusqu'en α qui est le point de rencontre de Pα avec le plan β. Donc αP jusque l'infini à droite est vue.

De même, le point β du plan $R\beta R_1$ est caché par les deux plans α et γ. En marchant dans le sens βR, nous arrivons en *cc'* dans le plan γ, et alors la droite n'est plus cachée que par le plan α, ceci ayant lieu d'ailleurs jusqu'en *a*.

Passons maintenant à la trace Sγ. Le point γ est caché par le plan α. A partir de *c*, la droite Sγ est cachée par les deux plans α, β jusqu'en *e*, et à partir de ce point, la droite Sγ n'est plus cachée que par le plan β.

Voyons ensuite les intersections des plans deux à deux. En ne s'occupant que du système des trois plans, on n'a qu'à établir la ponctuation de l'intersection des deux plans par rapport à un troisième ; il faudra après cela tenir compte du plan horizontal.

Prenons d'abord la droite *aba'b'*, *mm'* est la limite de la ponctuation de cette droite par rapport au plan γ, d'ailleurs nous avons reconnu que le point *aa'* était vu, donc toute la région *am* est vue en projection horizontale. A gauche de *a*, la droite *ab* est cachée par le plan horizontal, et à droite de *m*, elle est cachée par le plan γ.

De même, le point *cc'* étant caché, la droite *cd* est vue en projection horizontale à gauche de *m* jusque l'infini. Enfin, le point *e* étant caché, la droite *ef* est vue en projection horizontale à droite de *m* jusque l'infini. On pourrait d'ailleurs vérifier directement à l'aide des verticales *d* et *f* que les deux points *dd'* et *ff'* sont vus.

Un raisonnement identique au précédent donnera la ponctuation de la projection verticale.

128. — Ponctuation II. — Proposons-nous cette fois de *représenter le trièdre formé par les trois plans* $\alpha\beta\gamma$, *ce trièdre devant contenir la portion* $\alpha\beta$ *de la ligne de terre* (fig. 63, pl. 5).

Nous aurons ici, outre la distinction des parties vues et cachées, à faire la distinction des parties existantes et des parties enlevées, car le trièdre n'est formé que par des portions parfaitement déterminées des plans donnés.

Puisque $\alpha\beta$ est la portion de la ligne de terre à l'intérieur du trièdre que nous voulons représenter, c'est que α et β sont les points de rencontre de la ligne de terre avec des faces utiles du trièdre. Autrement dit, les points α et β des deux plans P et R sont conservés. Il en est de même de toutes les régions voisines des mêmes plans jusqu'aux arêtes du trièdre.

Ainsi αP est conservé dans le sens αc jusqu'en *e*, puisque l'arête *ef* est dans le plan α, et dans l'autre sens jusque l'infini, puisque nous ne rencontrons plus dans ce sens la deuxième arête *ab* du même plan α, le reste est enlevé et se marque en trait mixte. De même la région bfP_1 jusque l'infini est enlevée, et se marque en trait mixte. L'arête *ef* est donc conservée jusque l'infini à gauche de *m*, tandis que l'arête *ab* est conservée jusqu'à l'infini α à droite de *m*.

Passons maintenant au plan β. Nous savons d'abord que le point β est conservé, par suite $c\beta$ jusque l'infini à droite est conservée, et il en est de même pour $b\beta$ jusque l'infini à droite.

Il résulte de là que la portion de l'arête *cd* à droite de *m* est conservée, et que la partie conservée du plan γ est contenue dans l'angle *emc*. Ainsi donc *ec* sera conservée, tandis que γS_1 est tout entière enlevée.

Nous avons donc à représenter le système des trois angles *emb*, *cmb*, *emc*.

La verticale α rencontre maintenant les deux plans $\beta\gamma$ dans des régions enlevées, donc le point α est vu en projection horizontale, et il en est de même de toutes les lignes du plan α dans le voisinage du point α; ainsi $e\alpha$ est vue.

Le sommet du trièdre étant vu, il en sera de même pour l'arête *me*, du point *m* jusqu'à la trace horizontale. Au delà de *e*, cette arête est cachée.

La trace horizontale *c*β est également vue, puisque les régions des plans α et γ au-dessus de β sont enlevées. Il en résulte que l'arête *mc* est vue jusqu'au plan horizontal.

La trace horizontale *ce* du plan γ est encore vue, puisque les régions des plans α et β qui se trouvent au-dessus sont enlevées.

Enfin l'arête *mb* est vue, puisque les portions conservées des deux plans α et β sont vues.

On procédera de la même manière pour établir la ponctuation en projection verticale.

V. — EXERCICES.

1. Étant donné six points de l'espace, construire un tétraèdre dont les arêtes passent respectivement par ces six points. Compter le nombre des solutions.

2. Étant donné quatre points, mener respectivement par ces quatre points quatre plans parallèles entre eux et équidistants, ou dont les distances soient entre elles dans des rapports donnés. Nombre des solutions.

3. Représenter une droite, un plan, une droite et un plan, ou un système de plan dans l'hypothèse suivante. Le plan horizontal est la limite du sol dont la profondeur au-dessous du plan horizontal est infinie. Le plan vertical est la limite d'un mur dont l'épaisseur derrière le plan vertical est infinie. Le sol, le mur, la droite et les plans étant de même substance. Ou encore la droite et les plans étant de substance différente de celle du mur et du sol.

LIVRE III

INTERSECTION DE DEUX POLYÈDRES

CHAPITRE PREMIER

I. — DÉFINITIONS.

129. — *Un polyèdre est un solide limité par des plans.*

La portion de chacun de ces plans qui convient pour le polyèdre s'appelle une face du polyèdre. Cette face est limitée à un contour polygonal dont les côtés sont les intersections de la face considérée avec toutes les faces adjacentes, enfin ces différents côtés sont les arêtes du polyèdre.

La surface d'un polyèdre est l'ensemble des surfaces de toutes les faces du polyèdre; nous appellerons *intersection de deux polyèdres,* la ligne commune aux surfaces des deux polyèdres.

L'intersection de deux polyèdres sera donc un polygone gauche, dont les côtés sont donnés par les intersections des faces du premier polyèdre avec les faces du second, et dont les sommets sont les points de rencontre des arêtes de l'un des polyèdres avec les faces de l'autre.

Il résulte de là deux méthodes pour trouver l'intersection de deux polyèdres; dans la première on cherche les côtés du polygone, dans la deuxième on détermine directement les sommets.

Nous emploierons la première méthode dans le cas général de l'intersection de deux polyèdres quelconques, et la deuxième dans le cas particulier des prismes et des pyramides.

130. — **Remarque I.** — *Tout mobile assujéti à rester constamment sur la surface d'un polyèdre, et se trouvant à un mo-*

ment donné à l'intérieur d'une face, reste encore un certain temps dans la même face.

131. — Remarque II. — *Tout mobile assujéti à rester constamment sur la surface d'un polyèdre, et se trouvant à un moment donné sur une arête du polyèdre, peut se déplacer arbitrairement dans l'une ou l'autre des deux faces qui se coupent suivant l'arête considérée.*

II. — INTERSECTION D'UNE PYRAMIDE ET D'UN PRISME.

Exemple particulier. — Avant d'expliquer d'une manière générale la marche à suivre pour trouver l'intersection de deux polyèdres, nous allons étudier un exemple simple.

132. — *Soit à trouver l'intersection de la pyramide* Sabc, S'a'b'c' *et du prisme* $defd_1e_1f_1$, $d'e'f'd'_1e'_1f'_1$ (fig. 64, pl. 6).

Choisissons la face *Sab*, *Sa'b'* de la pyramide et la face $df\,d_1f_1$, $d'f'\,d'_1f'_1$ du prisme, puis cherchons l'intersection de ces deux plans.

En les coupant par le plan horizontal, nous trouvons *aba'b'* et *dfd'f'* qui se coupent en *xx'*. Coupons ensuite les deux mêmes faces par un deuxième plan auxiliaire, par exemple par le plan horizontal d'_1. Ce plan auxiliaire coupe la face S*ab* suivant une parallèle à *ab* menée par le point S, et la face dfd_1f_1 suivant $d_1f_1d'_1f'_1$. Nous obtenons donc en $x_1x'_1$ un deuxième point de l'intersection. Donc xx_1, $x'x'_1$ est l'intersection des deux plans considérés. La partie de cette droite xx_1 contenue à l'intérieur des deux faces S*ab*, dfd_1f_1 se réduit à *mn*. En effet, en marchant dans le sens *mn*, arrivé en *n*, on sort de la face dfd_1f_1, tandis qu'en marchant dans le sens *nm*, arrivé en *m*, on sort de la face S*ab*.

Proposons-nous de parcourir le polygone dans le sens *mn*. Le point *n* étant à l'intérieur de la face S*ab* et sur le contour de la face dfd_1f_1 conservons la face S*ab*, et remplaçons la face du prisme par la face adjacente ded_1e_1.

Le point *n* est déjà un point de l'intersection des deux nouvelles faces, puisque c'est le point de rencontre de l'arête dd_1 de la face ded_1e_1 avec la face S*ab*. Il suffit donc de trouver un deuxième point de cette intersection. Nous l'avons obtenu dans l'épure, en coupant les deux faces considérées par le plan horizontal, ce qui donne *ab* et *de* et par suite le point $\beta\beta'$. Donc $\beta n\beta' n'$ est l'intersection des deux faces *Sab*, ded_1e_1. La partie utile de cette droite se réduit à *non'o'*.

Le point *oo'* est ici à l'intérieur de la face ded_1e_1, et sur le contour de la face *Sab*, nous conservons alors la face ded_1e_1 du prisme, pour remplacer la face *Sab* de la pyramide par la face adjacente *Sbc*.

Comme précédemment, nous connaissons un point *oo'* de l'intersection des deux nouvelles faces ; pour en trouver un deuxième, nous avons coupé les deux faces par le plan horizontal d'_1, qui nous donne le point $\gamma_1\gamma'_1$. Donc $o\gamma_1o'\gamma'_1$ est l'intersection des deux nouvelles faces. Nous n'avons pas pris ici comme plan auxiliaire le plan horizontal de projection, parce qu'il donnait un point γ en dehors des limites de l'épure.

La partie utile de cette intersection est *opo'p'*. Nous constatons alors que le côté suivant est donné par les deux faces *Sbc*, *S'b'c'*, dfd_1f_1, $d'f'd'_1f'_1$. Nous connaissons deux points de cette intersection : 1° le point *pp'* qui est l'intersection de l'arête dd_1 avec la face *Sbc* ; 2° le point *mm'* qui est l'intersection de l'arête *SbS'b'* avec la face dfd_1f_1, $d'f'd'_1f'_1$. Donc *pmp'm'* est le dernier côté du polygone.

En résumé, *mnopm*, *m'n'o'p'm'* est le polygone d'intersection.

Dans l'épure, nous avons *représenté uniquement le polygone d'intersection*. Il est donc vu tout entier dans les deux projections, puisque tous les sommets sont contenus dans le premier dièdre. Quant aux arêtes des polyèdres, elles sont marquées en trait mixte, puisqu'elles ne font pas partie de l'objet qu'on représente.

Généralisons maintenant ces constructions, et appliquons-les à deux polyèdres quelconques déterminés par les projections de tous leurs sommets.

III. — CAS GÉNÉRAL.

133. — ***Pour trouver l'intersection de deux polyèdres,*** nous commencerons par former le tableau de toutes les combinaisons des faces du premier polyèdre avec les faces du second. Pour cela, écrivons sur une ligne horizontale les noms des faces du premier polyèdre, et sur une ligne verticale les noms de toutes les faces du deuxième polyèdre. Le carré commun à une colonne verticale et à une bande horizontale figure l'une quelconque des combinaisons.

	a	b	c	d	e	f
α	mn					
β					×	
γ		×		×		
δ					×	

Nous éliminerons ensuite de ce tableau toutes les combinaisons que l'on peut reconnaître inutiles sans le secours d'aucune construction. Une combinaison ne peut être utile, que si une partie de l'intersection des deux faces se trouve simultanément dans ces deux faces.

Il faut donc :

1° Que les deux faces présentent une partie commune en projection horizontale ;

2° Que les deux mêmes faces présentent une partie commune en projection verticale ;

3° Enfin, en supposant même l'existence des deux parties communes en projection horizontale et en projection verticale, il faut en outre que ces deux parties communes se correspondent par des lignes de rappel.

Ces trois conditions sont nécessaires pour que la combinaison puisse être utile, mais assurément elles ne sont pas suffisantes.

Soit donc $a\alpha$ l'une quelconque des combinaisons qui restent dans le tableau après avoir éliminé toutes les combinaisons reconnues inutiles.

Nous chercherons l'intersection de ces deux faces, en les considérant comme des plans illimités, déterminés chacun par les arêtes qui limitent ces faces ; ces arêtes étant à leur tour considérées comme des droites illimitées.

Nous voici donc ramenés au problème connu de l'intersection de deux plans déterminés chacun par deux droites.

Soit I (fig. 65, pl. 6) la droite d'intersection des deux plans *a* et *α*. La portion de I qui fait partie du polygone d'intersection, c'est la portion *mn* contenue simultanément à l'intérieur des deux faces *a* et *α*.

Il est bien évident que pour trouver cette partie utile *mn*, on peut regarder soit la projection horizontale, soit la projection verticale, car en appelant *m'n'* la partie utile en projection verticale, *mm'* et *nn'* sont nécessairement des lignes de rappel.

Ainsi *mn*, *m'n'* est un premier côté du polygone d'intersection; les deux points *mm'*, *nn'* sont deux sommets consécutifs du polygone d'intersection. Nous inscrirons *mn* dans la division correspondante du tableau.

Si la droite I n'avait pas présenté de partie utile, nous aurions supprimé la combinaison *aα* du tableau pour en essayer une autre quelconque, et l'on continuerait de même, jusqu'au moment où l'on trouverait une partie utile.

Proposons-nous maintenant de trouver le deuxième côté du polygone d'intersection. Dire deuxième côté suppose évidemment qu'un mobile parcourt le polygone d'intersection dans un sens déterminé, et rencontre successivement tous les côtés dans un certain ordre.

Supposons donc ici, qu'un mobile se déplace sur le polygone dans le sens *mn*, en partant du point *m*. Ce mobile décrivant le polygone d'intersection est assujetti à rester constamment sur les surfaces des deux polyèdres.

Arrivé en *n*, le mobile se trouve à l'intérieur de la face *α*, il est donc obligé d'y rester encore un certain temps, autrement dit le deuxième côté du polygone est contenu dans le plan *α*. D'ailleurs, nous arrivons en *n* sur le contour de la face *a*, donc par rapport au premier polyèdre, le mobile peut passer arbitrairement dans l'une ou l'autre des deux faces qui se coupent suivant l'arête AB. Soit *b* la face adjacente à *a*, et ayant pour arête commune avec *a* l'arête AB sur laquelle se trouve le point *n*.

Nous avons donc actuellement deux combinaisons possibles *aα*, *bα*. Or *aα* est précisément la dernière combinaison employée; donc le deuxième côté du polygone d'intersection est nécessairement donné par la combinaison *bα*.

Nous déterminerons alors l'intersection des deux plans b, α, soit en les coupant par deux plans auxiliaires, soit en les coupant par un seul plan auxiliaire, parce que l'intersection des deux plans $b\alpha$ doit nécessairement passer par le point n. Nous limiterons ensuite cette droite comme nous avons limité I. Le point n sera d'ailleurs l'une des limites de ce deuxième côté. Puis nous déduirons de cette opération la combinaison qui donne le troisième côté, et nous continuerons ainsi jusqu'au moment où nous reviendrons au point de départ.

On reconnaîtra que l'on arrive au point de départ, lorsque la combinaison nouvelle sera formée : 1° de la face a, 2° de la face adjacente à α, et ayant pour arête commune avec α l'arête sur laquelle se trouve le premier sommet m.

Arrivé à cette dernière combinaison, il se présentera deux vérifications, puisque le dernier côté doit passer à la fois par le dernier sommet trouvé et par le premier sommet m.

Ainsi pour les côtés intermédiaires, on peut se contenter d'une seule opération, et pour le dernier côté on peut rigoureusement se passer de toute espèce de construction.

Malgré cela, on fera bien de temps en temps de déterminer deux points d'un ou plusieurs côtés, de manière à compenser les erreurs commises en ne vérifiant pas séparément tous les côtés.

Nous venons ainsi de former un premier polygone d'intersection et dont tous les côtés sont inscrits dans le tableau. On vérifiera alors s'il ne reste pas dans le tableau quelques combinaisons non employées. S'il reste des combinaisons, on essaiera l'une quelconque d'entre elles, et l'on pourra former de cette manière un, deux ou plusieurs polygones d'intersection.

Dans tous les cas, on devra continuer les essais jusqu'à épuisement complet de toutes les combinaisons du tableau.

134. — Remarque I. — Nous avons dit, en formant le premier polygone, que l'on continuait les opérations jusqu'au moment où l'on revenait au point de départ, parce que, en général, il en est ainsi. En effet, les polyèdres pris séparément n'ayant qu'un nombre limité de faces p et p_1, il n'y a en tout que $p \times p_1$ combinaisons possibles.

Cependant le polygone peut ne pas se fermer quand les deux polyèdres admettent une face commune, ou bien quand les deux polyèdres s'étendent à l'infini, auquel cas on peut encore dire qu'ils ont une face commune à l'infini. Il arrive alors que le polygone d'intersection reste ouvert, et se termine à la face commune.

Plaçons-nous dans cette hypothèse d'une face commune ; nous partirons comme précédemment d'une combinaison quelconque $a\alpha$, puis nous continuerons jusqu'au moment où nous arriverons à ces deux faces communes, et alors le polygone s'arrêtera.

Pour trouver le reste du polygone, nous reviendrons au point de départ et nous marcherons dans le sens nm pour arriver encore une fois dans ce nouveau sens aux deux mêmes faces communes.

Si par hasard on retombait sur deux autres faces communes, c'est qu'il y aurait un deuxième polygone non fermé.

135. — Remarque II. — Pour définir la combinaison qui donne le deuxième côté, nous nous sommes appuyés sur ce fait que le point n était à l'intérieur de la face α et sur le contour de la face a. Supposons comme cas particulier (fig. 67, pl. 6) que le point n se trouve à la fois sur les contours des deux faces. Nous avons alors comme combinaisons possibles $a\alpha$, $a\beta$, $b\alpha$, $b\beta$, en appelant b et β les faces adjacentes à a et α passant par n. Le point n est alors un sommet commun à deux polygones d'intersection, en supposant que les quatre combinaisons donnent lieu à quatre combinaisons utiles.

Il faudra donc essayer l'une de ces combinaisons, fermer s'il y a lieu le polygone correspondant et revenir à l'une des deux combinaisons non employées en n.

On peut énoncer ce cas en disant que deux arêtes se rencontrent. Il contient celui de la remarque précédente, puisqu'il suffit pour cela de supposer que les deux faces b et β coïncident.

136. — Remarque III. — Lorsque les deux polyèdres ont un sommet commun, le nombre des côtés aboutissant à ce sommet peut s'élever à $p \times p_1$, p et p_1 étant le nombre des faces des deux angles polyèdres qui ont même sommet.

137. — Remarque IV. — Dans la recherche d'un polygone d'intersection, il faudra profiter de toutes les faces perpendiculaires à l'un ou l'autre des plans de projection, et ne pas oublier qu'il est inutile d'employer des plans auxiliaires pour toutes les combinaisons dans lesquelles entrent ces faces particulières.

Il sera même avantageux quelquefois, d'employer ces mêmes

faces pour plans auxiliaires dans des combinaisons contenant des faces adjacentes.

On simplifiera généralement les constructions, quand les particularités précédentes ne se présentent pas, en employant deux plans auxiliaires parallèles entre eux, et autant que possible les mêmes plans auxiliaires pour toutes les combinaisons. En effet, si les plans auxiliaires sont parallèles entre eux, leurs intersections avec une même face sont parallèles entre elles ; donc, si pour déterminer la première il faut en chercher deux points, pour déterminer la deuxième, il suffira d'en chercher un seul point.

D'un autre côté, si l'on conserve toujours les deux mêmes plans auxiliaires pour toutes les combinaisons, l'opération faite pour la face a dans la combinaison $a\alpha$ sera toute faite pour la même face a dans la combinaison $a\beta$.

IV. — INTERSECTION D'UN CUBE ET D'UN PRISME.

138. — *Trouver l'intersection du cube* $abcda_1b_1c_1d_1$, $a'b'c'd'a'_1b'_1c'_1d'_1$ *et du prisme hexagonal régulier* efghkl, e'f'g'h'k'l' (fig. 66, pl. 6).

Nous ne nous occuperons pas pour le moment de la construction de ces deux polyèdres, c'est-à-dire que nous les supposerons donnés tous deux par leurs projections.

Formons d'abord le tableau de toutes les combinaisons des faces du cube et des faces du prisme, et supprimons toutes les combinaisons inutiles.

		+′ −	−′ −	−′ +	+′ +	+′ +	+′ −
		ef	*fg*	*gh*	*hk*	*kl*	*le*
+′ −	$abcd$	rr_1	pr	×	×	×	r_1p_1
+′ +	$a_1b_1c_1d_1$	×	×	$\rho_1\pi_1$	$\rho\rho_1$	$\pi\rho$	×
−′ −	$ab\ b_1a_1$	$\nu_1\mu$	$\omega_1\nu_1$	$\pi_1\omega_1$	×	×	×
−′ +	$bc\ c_1b_1$	×	op	no	mn	×	×
+′ +	$cd\ d_1c_1$	×	×	×	n_1m	o_1n_1	p_1o_1
+′ −	$da\ a_1d_1$	$\mu\nu$	×	×	×	$\pi\omega$	$\nu\omega$

Partons ensuite de l'une quelconque des combinaisons qui restent, par exemple bcb_1c_1 et hk. Nous profiterons ici de ce que la face hk est horizontale; elle rencontre $cc_1c'c'_1$ en mm' et $b_1c_1b'_1c'_1$ en $\alpha\alpha'$.

L'intersection des deux faces est donc $m\alpha m'\alpha'$, sa partie utile est $mnm'n'$.

Proposons-nous de parcourir le polygone dans le sens mn.

Le sommet n étant à l'intérieur de la face bcb_1c_1, nous resterons encore dans cette face; mais le mobile n étant sur le contour de la face hk, il faut passer dans la face adjacente $hgh'g'$.

Ainsi le deuxième côté est l'intersection des deux faces bcb_1c_1 et hg.

Nous connaissons un premier point de cette droite, c'est le point n; pour en trouver un deuxième, coupons les deux faces considérées par un plan auxiliaire, par exemple le plan horizontal g'. Ce plan coupe les deux faces suivant $\beta\gamma$ et g, ce qui donne en o un deuxième point de l'intersection; no est donc cette intersection, de plus no en est la partie utile. La combinaison suivante est bcb_1c_1, gf. Pour trouver un deuxième point de l'intersection de ces deux faces, nous les couperons par exemple par le plan $a'b'c'd'$ qui est perpendiculaire au plan vertical. Ce plan auxiliaire nous donne d'un côté $bcb'c'$, de l'autre $r\delta r'\delta'$ et par suite le point pp'. Le troisième côté du polygone d'intersection est donc $opo'p'$.

La combinaison suivante est formée des deux faces $abcd$ et fg; l'intersection correspondante est δr, sa partie utile se réduit à pr.

Il faut alors choisir les deux faces $abcd$ et ef. Ces deux faces étant perpendiculaires au plan vertical, leur intersection est également perpendiculaire au plan vertical, et sa partie utile se réduit à rr_1.

Arrivés ici, nous pouvons éviter toute espèce de construction, en profitant de ce que les deux polyèdres sont symétriques par rapport au plan de front a, et en même temps par rapport au centre du cube. Nous obtenons alors, comme intersection, premièrement le polygone $mnoprr_1p_1o_1n_1$, deuxièmement le polygone $\mu\nu\omega\pi\rho\rho_1\pi_1\omega_1\nu_1$.

Il reste maintenant quatre combinaisons non employées dans

le tableau, en les essayant successivement, on reconnait qu'elles ne donnent aucune partie utile.

139. — Ponctuation. — Proposons-nous, dans cet exemple, de *représenter le système des surfaces opaques des deux polyèdres*. (Nous reviendrons plus tard sur les différentes combinaisons de surfaces ou de solides que l'on peut former avec deux polyèdres.)

Il convient avant tout d'établir la ponctuation de chacun des polyèdres pris séparément.

Commençons, par exemple, par le cube. Ce polyèdre n'étant coupé par une ligne droite qu'en deux points, il a toujours son *contour apparent* vu. On appelle contour apparent d'un polyèdre le polygone formé par un certain nombre d'arêtes, et à l'intérieur duquel se trouvent les projections de toutes les autres arêtes.

Ainsi $cbb_1a_1d_1dc$ est le contour apparent horizontal du cube. Tous les points de la surface du cube se projettent horizontalement à l'intérieur du contour apparent. Toute verticale ayant son pied à l'intérieur du contour apparent horizontal coupe le cube en deux points. Si la verticale avait son pied en dehors du contour apparent elle ne couperait plus le cube. Enfin la verticale ayant son pied sur le contour apparent, elle ne rencontre le cube qu'en un seul point. C'est pour cette raison que le contour apparent est toujours vu lorsque le polyèdre comme ici n'est coupé qu'en deux points par une droite.

Il nous reste à faire la distinction des parties vues et cachées pour les arêtes à l'intérieur du contour apparent. Nous y arriverons rapidement dans cet exemple en remarquant que les deux sommets a et c_1 sont sur une même verticale, et que le sommet c_1 se trouve au-dessus de a. Donc les trois arêtes c_1b_1, c_1c, c_1d_1 sont vues en projection horizontale, tandis que les trois arêtes aboutissant au sommet a sont cachées.

En résumé, les trois faces c_1cbb_1, c_1cdd_1, $c_1b_1a_1d_1$ sont vues en projection horizontale, et les trois autres sont cachées.

Pour plus de commodité, nous avons marqué dans le tableau les faces vues avec le signe $+$ et les faces cachées avec le signe $-$.

En projection verticale, le contour apparent vertical $c'c'_1a'_1a'$ est vu. L'arête $d'd'_1$ étant en avant de l'arête $b'b'_1$ est vue en projection verticale et cache $b'b'_1$. Il n'y a donc que les deux faces cc_1bb_1, aa_1bb_1 qui soient cachées en projection verticale ; nous les marquerons dans le tableau avec le signe —.

Passons maintenant au prisme. Le contour apparent horizontal *gl* est vu, les deux arêtes *h* et *k* étant au-dessus des arêtes *e* et *f* sont vues aussi; donc les trois faces *gh*, *hk*, *kl* sont vues en projection horizontale, tandis que les trois autres faces *lf*, *fe* et *eg* sont cachées.

On reconnaitra de même qu'en projection verticale, les deux faces *gh* et *gf* sont seules cachées.

Ce travail effectué, nous pouvons maintenant nous occuper du système des deux polyèdres.

140. — Règle I. — *En représentant le système des surfaces des deux polyèdres, tout côté du polygone d'intersection est vu, lorsqu'il est donné par deux faces vues, en considérant les polyèdres isolément.*

En effet, soit *ab* un côté du polygone d'intersection correspondant à deux faces vues, et *m* un point quelconque de l'arête *ab*. Le rayon visuel qui aboutit au point *m* peut rencontrer le premier polyèdre en d'autres points que le point *m*, mais tous ces points sont au delà de *m* par rapport à l'observateur.

De même ce rayon visuel rencontre le deuxième polyèdre en d'autres points qui sont au delà de *m*, puisque par hypothèse *ab* est donné par des faces vues. Donc le point *m* est encore vu dans le système des deux polyèdres, puisqu'il est toujours le plus rapproché de l'observateur.

Il est bien évident, au contraire, que si l'une des faces était cachée en considérant chaque polyèdre séparément, le côté serait caché. Il en serait de même si les deux faces étaient cachées.

Pour appliquer cette règle, nous n'aurons qu'à donner dans le tableau le signe + à toute division correspondant à une colonne et à une bande affectées toutes deux du signe +, et le signe — à toutes les autres.

141. — Règle II. — *Toute arête primitivement vue d'un polyèdre, aboutissant à un sommet vu du polygone d'intersection, reste vue dans le voisinage de ce point.* Au contraire, *une arête primitivement vue d'un polyèdre aboutissant à un sommet caché du polygone d'intersection est cachée par le second polyèdre dans le voisinage du point.*

142. — Règle III. — En représentant le système des deux surfaces, cela veut dire que ces surfaces sont conservées complétement, il en résulte alors que *la surface de l'un des polyèdres à l'intérieur de l'autre reste conservée, mais est généralement cachée.*

Appliquons ces deux nouvelles règles à notre exemple.

L'arête e du prisme est cachée primitivement en projection horizontale, donc elle reste cachée tout entière. Il en est de même pour l'arête f.

L'arête g primitivement vue pénètre dans le cube par le point o qui est vu; elle reste donc vue à gauche de o. De o à ω_1, elle est cachée à l'intérieur du cube, puis elle sort du cube par le point ω_1 qui est caché; elle reste donc cachée jusqu'au moment où elle sort du contour apparent du cube.

L'arête h vue primitivement coupe le cube en deux points vus, donc elle n'a de cachée que la partie $n\rho_1$, contenue dans le cube.

Rappelons ici que s'il y a superposition de traits, les traits pleins se marquent avant tous les autres.

La ponctuation des deux arêtes k et l est la même que celle de h et g à cause de la symétrie.

L'arête b_1a_1 primitivement vue rencontre le prisme en π, qui est vu, donc la portion $b_1\pi_1$ est vue aussi. De π_1 à a_1, cette arête est cachée à l'intérieur du prisme.

L'arête a_1d_1 part de l'intérieur du prisme où elle est cachée, sort du prisme par le point π qui est vu et redevient vue de π en d_1.

L'arête d_1d qui est hors du contour apparent du prisme reste vue.

L'arête dc pénètre dans le prisme par le point p_1 qui est caché, donc cette arête est d'abord vue, puis cachée à l'intérieur du contour apparent du prisme, ensuite de p_1 en c elle est cachée aussi, mais à l'intérieur du prisme.

L'arête cb est d'abord cachée de c en p à l'intérieur du prisme, puis elle sort du prisme par le point p qui est caché, et par suite, elle reste cachée jusqu'au moment où elle sort du contour apparent du prisme.

L'arête bb_1 reste vue, puisqu'elle est hors du contour apparent du prisme.

Le sommet c_1 étant au-dessus du prisme reste vu, il en est de même des arêtes partant du point c_1 jusqu'à leurs points de rencontre avec le prisme quand il y en a, c_1m, c_1b_1, c_1d_1 restent donc vues.

Quant aux arêtes partant du point a, elles sont toutes trois cachées.

En projection verticale, l'arête ee' du prisme était primitivement vue, elle pénètre dans le cube par le point ν' qui est vu pour en sortir par le point $r_1r'_1$ qui est vu aussi. Donc $r'_1\nu'$ est la seule région cachée.

L'arête ff' est cachée de μ' en r'.

L'arête gg' reste cachée tout entière.

L'arête hh' est cachée de ρ'_1 à m'.

L'arête kk' rencontrant le cube en deux points $\rho\rho'$, $n_1n'_1$ vus tous les deux, la région $n'_1\rho'$ est la seule cachée.

Enfin l'arête ll' rencontre le cube aux deux points vus $\omega'\omega$, $o_1o'_1$. Donc la région $\omega'o'_1$ est la seule cachée.

Il nous reste maintenant à examiner ce qui passe pour le cube.

L'arête $cc_1c'c'_1$ rencontre le prisme en mm', donc cette arête est cachée dans la région $m'c'$ à l'intérieur du prisme.

De même les arêtes $c'b'$, $c'd'$ sont cachées à l'intérieur du cube depuis le point cc' jusqu'aux points pp', $p_1p'_1$, mais l'arête $c'd'$ sortant du prisme par un point vu redevient vue de $p_1p'_1$ jusqu'en dd'.

L'arête $ada'd'$ qui ne rencontre pas le prisme reste vue tout entière, de sorte qu'on n'a pas à s'occuper de $aba'b'$.

La ponctuation des deux autres lignes de contour apparent se déduit de la précédente, en tenant compte de la symétrie par rapport au centre.

Enfin l'arête dd_1 qui est en avant du prisme reste vue en projection verticale.

V. — INTERSECTION DE DEUX PYRAMIDES.

143. — *Représenter le système de deux pyramides solides reposant par leurs bases sur le plan horizontal.*

Soit les deux pyramides $Sabcd\,S'a'b'c'd'$, $S_1efg\,S'_1e'f'g'$ (fig. 68, pl. 6).

Formons d'abord le tableau des combinaisons des faces des deux pyramides,

	s_1ef	s_1fg	s_1eg	efg
sab	mn	×	×	
sbc	no	op	×	
scd	×	pq	×	
sda	×	×	×	×
$abcd$			×	

puis supprimons les combinaisons manifestement inutiles.

Au lieu de partir maintenant d'une combinaison tout à fait arbitraire, profitons du fait que nous connaissons déjà un point de l'intersection.

Le point m, par exemple, appartient aux deux faces Sab, S_1ef; pour trouver un deuxième point de l'intersection de ces deux faces, nous les coupons par un plan auxiliaire; soit le plan horizontal H_1, il donne des parallèles à ab et ef menées respectivement par β et ι, d'où l'on déduit le point $\mu\mu'$. L'intersection des deux faces Sab, S_1ef est donc $m\mu$, $m'\mu'$, et sa partie utile se réduit à mn, $m'n'$.

La combinaison suivante est composée des deux faces Sbc, S_1ef, nn' est un premier point de l'intersection de ces deux faces, nous en avons un deuxième en $\nu\nu'$ à l'intersection des traces horizontales des deux mêmes faces. Donc $n\nu n'\nu'$ est l'intersection des deux faces considérées, sa partie utile est $non'o'$. Le côté suivant est donné par les deux faces Sbc, S_1fg, nous le déterminons à l'aide du point oo' et du point de rencontre des deux traces horizontales $\omega\omega'$. La partie utile est $opo'p'$.

Enfin le dernier côté $pqp'q'$ est donné par les deux faces Scd, S_1fg, il est déterminé par le point pp' et par le point de rencontre des deux traces horizontales qq'. La combinaison suivante est $abcd$, efg, elle est formée de deux faces identiques, donc le polygone s'arrête en qq'. D'ailleurs, si nous marchons en sens contraire, arrivés en mm', la combinaison suivante est encore $abcd$, efg, donc le polygone s'arrête encore en mm'.

Quant aux combinaisons qui restent, elles ne donnent que le contour de la face commune.

144. — Ponctuation. — Nous allons nous proposer ici de *représenter le système des deux pyramides solides et de même substance.*

Commençons comme toujours par établir la ponctuation de chaque pyramide prise séparément.

La pyramide S*abcd* a ses deux contours apparents vus. La verticale s'appuyant sur *ada'd'* et S*b*S'*b'* rencontre cette dernière droite en un point qui est au-dessus du point de rencontre avec la première ; donc l'arête *sb* est vue en projection horizontale, tandis que *ad* est cachée. Il en résulte que S*c* est vue.

De même, en projection verticale, l'arête S*d* étant en avant est vue, tandis que l'arête *sb* est cachée.

La pyramide S_1*efg* a également ses contours apparents vus.

La verticale qui s'appuie sur S_1f et *eg* rencontre S_1f au-dessus du point d'intersection avec *eg*, donc l'arête S_1f est vue en projection horizontale, tandis que *eg* est cachée.

En projection verticale, l'arête S_1e est seule cachée, car le point *ee'* est caché par un point de *fgf'g'*.

Pour résumer, les faces vues en projection horizontale sont S*ab*, S*bc*, S*cd*, S_1*ef*, S_1*fg*, et les faces vues en projection verticale sont S*ad*, S*dc*, S_1*fg*.

145. — Règle I. — *Un côté du polygone d'intersection est vu lorsqu'il est donné par deux faces vues; dans les autres cas, il est caché.* En appliquant cette règle, nous reconnaissons que la projection horizontale du polygone d'intersection *mnopq* est vue tout entière, tandis qu'en projection verticale, la région *p'q'* est la seule vue.

146. — Règle II. — *La surface de l'un des polyèdres contenue dans l'autre polyèdre n'existe plus, puisqu'elle ne sépare plus deux milieux de nature différente; donc toutes les portions d'arêtes contenues dans ces régions sont marquées en trait mixte.* Ici *nbn'b'*, *pcp'c'*, *mbm'b'*, *bcb'c'*, *cqc'q'*, *ofo'f'*, *mfm'f'*, *fqf'q'* sont donc marquées en trait mixte.

147. — Remarque. — Une fois qu'une arête doit être marquée en trait mixte, on n'a plus à s'occuper de savoir si elle est vue ou cachée, puisque ce trait mixte représente une ligne qui actuellement n'existe plus matériellement.

148. — Règle III. — ***Une arête d'un polyèdre aboutissant à un point vu du polygone d'intersection est vue dans le voisinage de ce point ; si au contraire elle aboutissait à un point caché, elle serait également cachée dans le voisinage du point.***

Ainsi, ab qui est vue primitivement pénètre dans la pyramide S_1 par le point m qui est vu, donc am est vue.

De même, la portion dq de de reste vue. Sa continuant à former un contour apparent est vue. Sb vue primitivement pénètre dans la pyramide S_1 par un point vu, donc Sn est vue ; de même Sp et Sd restent vues. Enfin ad reste cachée tout entière.

Pour la pyramide S_1,em,gq, S_1e, S_1o,S_1g sont vues, et eg reste cachée. En projection verticale, $S'a'$ reste vue comme contour apparent, $S'b'$ primitivement cachée reste cachée de S' à n', et $S'c'$ aboutissant au point vu pp' reste vue jusqu'à ce point.

Quant à l'arête $S'd'$ qui est vue primitivement, elle reste vue, car elle est en avant de la pyramide S_1.

L'arête S'_1c' reste cachée tout entière.

L'arête S'_1f, aboutissant au point o' qui est caché, reste cachée à l'intérieur du contour apparent de la pyramide S_1, enfin l'arête S'_1g' reste vue comme contour apparent.

CHAPITRE II

I. — SECTION PLANE DES POLYÈDRES.

149.—La méthode que nous venons d'indiquer pour la détermination de l'intersection de deux polyèdres peut servir également pour la détermination d'une section plane. On commencera donc par chercher l'intersection d'une face du polyèdre avec le plan sécant, à l'aide de deux plans auxiliaires quelconques ; puis on prendra la partie utile de cette droite, c'est-à-dire la région contenue dans la face considérée, et on en déduira la face qui donne le côté suivant. En continuant de cette manière, on reviendra au point de départ. On essaiera successivement toutes les autres faces, et l'on pourra former un ou plusieurs polygones d'intersection.

On aura soin de vérifier si par hasard il n'existe pas de faces perpendiculaires aux plans de projection, parce qu'il sera facile alors de trouver les côtés correspondants. De même on profitera de l'existence de faces parallèles dont les intersections avec le plan sécant sont parallèles entre elles, ou bien encore de faces passant par une même droite et dont les intersections avec le plan sécant se rencontrent au même point.

Nous verrons plus tard à propos des changements de plans, une méthode plus commode pour la détermination d'une section plane. L'un des avantages de cette méthode est que les faces utiles sont toutes mises en évidence, et l'on n'aura à faire que les opérations rigoureusement nécessaires.

II. — SECTION PLANE D'UN DODÉCAÈDRE RÉGULIER.

150. — Soit le dodécaèdre $abcdea_1b_1c_1d_1e_1\alpha\beta\gamma\delta\varepsilon\alpha_1\beta_1\gamma_1\delta_1\varepsilon_1$, défini par les projections de tous ses sommets et le plan TOT_1 (fig. 69, pl. 6).

La trace horizontale du plan sécant rencontre l'arête $aba'b'$ au point mm' qui est un premier sommet du polygone d'intersection. Or l'arête $aba'b'$ appartient à la face $ab\beta\delta_1\alpha$; nous aurons donc un premier côté du polygone d'intersection donné par cette face. En profitant de cette remarque, nous n'aurons aucun essai à faire pour trouver un premier côté du polygone.

Déterminons un deuxième point du premier côté, et pour cela coupons le plan sécant et la face $ab\beta\delta_1\alpha$ par un plan auxiliaire, par exemple, le plan horizontal h'.

Nous avons d'un côté l'horizontale hh' du plan sécant, de l'autre $\alpha\beta\alpha'\beta'$, ce qui nous donne le point ff'. Donc $mfm'f'$ est l'intersection cherchée ; quant à sa partie utile, elle se réduit à mn.

Nous nous trouvons en n sur le contour de la face $ab\beta\delta_1\alpha$; il faut donc la remplacer par la face adjacente $b\beta\varepsilon_1\gamma c$. Le point n est un premier point du nouveau côté ; pour en trouver un deuxième, coupons le plan sécant et la face par le plan horizontal, ce qui nous donne d'un côté Tθ, de l'autre bc, et par suite le point kk'. Donc kn est l'intersection cherchée, et sa partie utile se réduit à no.

Nous passons alors dans la face $d_1e_1\varepsilon_1\beta\delta_1$. En coupant cette face et le plan sécant par le plan horizontal h'_2, nous avons d'un côté d_1e_1, de l'autre l'horizontale h'_2, et par suite le point ll' ; $olo'l'$ est donc le nouveau côté, et sa partie utile se réduit à $opo'p'$.

La face adjacente est maintenant $a_1e_1\varepsilon_1\gamma\alpha_1$, elle nous donne le point qq' à l'aide du plan horizontal h'_2. Donc $pqp'q'$ est le nouveau côté du polygone.

On continuera de la même manière jusqu'à ce qu'on soit revenu au point de départ.

L'opération sera complète, car le polyèdre étant convexe, il ne peut être coupé par un plan que suivant un seul polygone.

151. — Ponctuation. — Proposons-nous, dans cet exemple, de *représenter la surface opaque du dodécaèdre au-dessous du plan sécant.*

Commençons par établir la ponctuation du dodécaèdre pris isolément.

En projection horizontale, le contour apparent $\alpha\delta_1\beta\varepsilon_1\gamma\alpha_1\delta\beta_1\varepsilon\gamma_1\alpha$ est vu. Il en est de même de la face supérieure $a_1b_1c_1d_1e_1$, et par suite des arêtes $a_1\alpha_1$, $b_1\beta_1$, $c_1\gamma_1$, $d_1\delta_1$, $e_1\epsilon_1$ aboutissant à cette face supérieure. Quant aux autres arêtes, elles sont toutes cachées.

En projection verticale, toutes les arêtes sont marquées en trait plein, parce qu'elles sont toutes doubles.

La région au-dessous du plan sécant étant la même que la région derrière le plan, il en résulte que l'intersection est vue tout entière en projection horizontale comme en projection verticale.

Il est facile de reconnaître que le sommet aa' du polyèdre est au-dessus du plan, donc il appartient à une région enlevée du polyèdre; il en résulte que si nous parcourons les arêtes du polyèdre en partant du sommet a, de manière à arriver au polygone d'intersection, toutes ces régions d'arêtes parcourues sont enlevées.

Ainsi am, av, $a\alpha$, $\alpha\delta_1$, $\delta_1\beta$, βo, βn, $\alpha\gamma_1$, $\gamma_1\epsilon$, ϵt, ϵu, $\gamma_1 c_1$, $c_1 b_1$, $b_1 s$, $b_1 r$, $\delta_1 d_1$, $d_1 c_1$, $d_1 e_1$, $e_1 p_1$, $e_1 q$ sont enlevées et par suite sont marquées en traits mixtes, en projection horizontale comme en projection verticale. Quant aux autres arêtes, elles conserveraient leur même ponctuation si on supposait le polyèdre solide.

Ici, nous nous sommes proposé de représenter seulement la surface opaque du dodécaèdre; il en résulte que les arêtes primitivement cachées redeviennent vues à l'intérieur du polygone d'intersection dans les deux projections.

CHAPITRE III

I. — INTERSECTION D'UNE DROITE ET D'UN POLYÈDRE.

152. — Pour trouver l'intersection d'une droite et d'un polyèdre quelconque, on fait passer par la droite un plan dont on construit le polygone d'intersection avec le polyèdre.

Les points de rencontre de ce polygone avec la droite sont les points demandés.

Parmi les plans auxiliaires passant par la droite, il sera en général préférable de prendre l'un des plans projetants de la droite. De plus, il ne sera pas toujours nécessaire de construire complétement le polygone d'intersection. En effet, pour que le point de rencontre d'une droite avec une face d'un polyèdre soit l'un des points de rencontre de la droite et du polyèdre, il faut nécessairement que le point trouvé soit à l'intérieur de la face. Il faut donc : 1° que la droite traverse la face considérée en projection horizontale ; 2° que la droite traverse la même face en projection verticale, et plus généralement, il faut qu'il en soit de même dans une projection quelconque ; 3° en supposant les deux conditions précédentes remplies, il faut en outre que les deux régions de la droite contenues dans les deux projections de la face se correspondent par des lignes de rappel.

Il est bien entendu que ces conditions sont nécessaires, sans pour cela être suffisantes.

II. — INTERSECTION D'UNE DROITE ET D'UNE PYRAMIDE.

153. — Si au lieu d'un polyèdre quelconque, nous avons une pyramide, il est possible alors par un choix convenable du plan auxiliaire, de réduire le polygone d'intersection à sa plus simple expression ; de telle sorte qu'on n'effectuera que les constructions strictement nécessaires pour trouver les points d'intersection.

Prenons en effet comme plan auxiliaire un plan passant par la droite et par le sommet de la pyramide, puis cherchons la trace de ce plan SF sur le plan de base P de la pyramide (fig. 70, pl. 6). Soit *f* cette droite, elle rencontre la base de la pyramide aux deux points *mn*, et par suite le plan auxiliaire coupe la pyramide suivant les deux droites S*m*, S*n*, qui à leur tour rencontrent la droite donnée aux deux points demandés MN.

Il est évident que les deux points MN sont utiles, car les points *mn* étant pris le premier entre *a* et *b*, le second entre *c* et *d*, il en résulte que les deux droites S*m*, S*n* sont à l'intérieur des deux faces S*ab*, S*cd* ; donc il en est de même des points M et N.

La même méthode pourrait s'appliquer au cas d'un prisme, en choisissant comme plan auxiliaire un plan parallèle aux arêtes du prisme et passant par la droite donnée.

CHAPITRE IV

I. — INTERSECTION DE PRISMES ET DE PYRAMIDES. — PÉNÉTRATION. — ARRACHEMENT.

154. — Jusqu'à présent, nous avons trouvé les polygones d'intersection de deux polyèdres en déterminant les côtés de ces polygones. Nous allons nous proposer maintenant d'appliquer la deuxième méthode, qui consiste à chercher les sommets, au cas particulier où les polyèdres sont des prismes ou des pyramides.

Les sommets du polygone d'intersection sont, comme nous l'avons dit, les points de rencontre des arêtes de l'un des polyèdres avec les faces de l'autre.

Nous allons donc ici chercher successivement les points de rencontre des arêtes de chaque pyramide avec les faces de l'autre pyramide.

Les plans auxiliaires passeront par les sommets des deux pyramides, et en tournant autour de la droite qui joint les deux sommets pourront contenir successivement toutes les arêtes des deux pyramides.

Étant donné l'un de ces plans auxiliaires passant par une arête de la première pyramide, il sera nécessaire, pour appliquer la construction précédente, de construire sa trace sur le plan de base de la deuxième pyramide.

Nous remarquons alors :

1° Que les traces de tous les plans auxiliaires sur les deux plans de base passent par deux points fixes qui sont les points de rencontre de la ligne des sommets avec les deux plans de base ;

2° Que les deux traces d'un même plan auxiliaire sur les deux plans de base rencontrent l'intersection des deux plans de base au même point.

Assurément ces deux remarques ne sont pas nécessaires pour

la construction de l'épure, mais elles simplifient tellement la construction en général, qu'il serait préférable quelquefois de changer les plans de base afin de pouvoir s'en servir comme nous allons le faire immédiatement.

Soit, par exemple, les deux pyramides S*abc*, S_1def (fig. 71, pl. 7). Nous commencerons par chercher les deux points de rencontre de la ligne des sommets SS_1 avec les deux plans de base. Soit $\sigma\sigma_1$ ces deux points. Soit de plus XX_1 l'intersection des deux plans de base.

155. — Remarque. — La figure que nous allons continuer est par exemple la projection horizontale d'une épure dont la projection verticale a servi seulement pour déterminer les éléments $\sigma\sigma_1$, XX_1. La suite du raisonnement s'appliquerait au cas où cette même figure représenterait une projection quelconque orthogonale, oblique ou conique.

Considérons le plan auxiliaire passant par l'arête S*a*, il aura pour trace sur le plan de base de la pyramide S la droite σa qui rencontre XX_1 en α; donc la trace du même plan auxiliaire sur le plan de base de la pyramide S_1 est $\sigma_1\alpha$. Cette droite rencontre la base de la pyramide S_1 aux deux points a_1a_2, et par suite ce plan auxiliaire coupe la pyramide S_1 suivant S_1a_1, S_1a_2; nous avons donc en *m* et *n* deux sommets du polygone d'intersection. Ces deux sommets sont les points de rencontre de l'arête S*a* avec les deux faces S_1de, S_1ef.

En prenant de même le plan auxiliaire passant par l'arête S*b*, nous trouverons les deux sommets *o*, *p*, mais si nous appliquons la même construction à l'arête S*c*, nous reconnaissons que la trace du plan auxiliaire sur le plan de base de la pyramide S_1 ne rencontre plus la base de cette pyramide S_1.

Nous passerons alors aux arêtes de la pyramide S_1, et nous trouverons comme nouveaux sommets les points *q*, *r*, *s*, *t*.

Maintenant que nous avons tous les sommets du polygone d'intersection, il nous reste à les joindre de manière à former le polygone. Pour cela, remarquons qu'à un sommet quelconque, *m* par exemple, correspondent toujours deux points bien déterminés sur les bases; aa_1, dans le cas actuel, et un troisième point α sur XX_1. Considérnos alors ces quatre points comme les sommets d'un quadrilatère articulé dont les côtés passent par les points fixes $SS_1\sigma\sigma_1$. Pendant que le point α décrira la droite XX_1, les deux points aa_1 se déplaceront sur les bases, et en même temps le quatrième sommet m décrira le polygone d'intersection.

Pour fixer les idées, donnons le numéro (1) aux positions initiales $maa_1\alpha$ de ces quatre sommets ou mobiles, puis faisons marcher l'un d'eux, α_1, pour en déduire les positions successives de tous les autres.

Le mobile α marchant dans le sens αX arrive en φ; le point a peut venir soit en f_1 soit en f_2, supposons, par exemple, qu'il vienne en f_2. Quant au point a_1, il vient nécessairement en f. Le quatrième sommet du quadrilatère est alors le point t.

Donnons le numéro (2) à ces nouvelles positions des quatre mobiles; nous allons vérifier que mt ou (1)(2) est un premier côté du polygone d'intersection.

En effet, les deux faces Sab, S_1ef coupées par le plan $\sigma\alpha\sigma_1$ donnent Sa, S_1a_1, et par suite le point m: puis coupées par le plan $\sigma\varphi\sigma_1$, elles donnent Sf_2, S_1f, et par suite le point t.

Donc mt est bien la droite d'intersection des deux faces. De plus, mt en est la partie utile; en effet, la méthode employée permet d'éliminer tous les points de rencontre d'arêtes et de faces inutiles, et nous n'avons rigoureusement marqué que tous les sommets utiles. D'ailleurs, on peut vérifier sur la figure que mt est bien la région contenue simultanément à l'intérieur des deux faces.

La méthode pour joindre les points étant justifiée, nous allons continuer de l'appliquer.

Le mobile qui était en φ marche dans le même sens $\alpha\varphi$ et arrive en β. Les points f_2 et f des deux bases viennent nécessairement en b et b_1. Quant au point t, il vient en o, donc to ou (2)(3) est le deuxième côté du polygone d'intersection.

Le premier mobile qui était en β continue jusqu'en δ, ce qui nous donne comme positions correspondantes d_2, d et r; or est donc le troisième côté (3)(4) du polygone d'intersection.

Arrivé en δ, le premier mobile ne peut plus continuer dans le même sens, puisque s'il continuait, le plan sécant ne couperait plus la pyramide S_1. C'est pour cette raison qu'on appelle le plan $\sigma\delta\sigma_1$ un plan *limite*.

Ainsi $\sigma\delta\sigma_1$ est une position limite du plan sécant pour la pyramide S_1. Le premier mobile va donc marcher en sens contraire du sens précédent et revenir en β.

Le mobile qui était en d_2 revient nécessairement en b_1 ; quant à celui qui était en d, il peut revenir en b_1 ou continuer son chemin dans le même sens pour aller en b_2. Dans la première hypothèse, on trouverait comme sommet le point o que nous avons déjà rencontré ; il faut donc rejeter cette hypothèse pour prendre la seconde. En résumé, nous mettons le chiffre (5) aux points β, b, b_2, p, et rp sera le quatrième côté du polygone d'intersection.

Maintenant le premier mobile arrive en φ. Celui qui était en b vient en f_2 ; d'ailleurs celui qui était en b_2 prend une position qui n'était pas marquée, et que nous appellerons f_3. A priori, on pourrait croire que nous avons oublié de déterminer un sommet, mais il n'en est pas ainsi, car aucune des deux droites Sf_2, S_1f_3 n'est une arête de l'une des deux pyramides.

Le point correspondant à cette position du plan sécant appartient cependant à l'intersection des deux polyèdres, mais ce n'est pas un sommet.

En résumé, ce point se trouvera compris entre les deux sommets du côté donné par les faces Sab, S_1de, et comme il est inutile de marquer trois points pour déterminer une ligne droite, nous sauterons la position φ, pour continuer jusqu'en α, ce qui nous donnera le cinquième côté pn.

Nous arrivons de nouveau en $\sigma\alpha\sigma_1$ à une position limite du plan sécant, mais cette fois pour la pyramide S.

Le premier mobile va donc marcher en sens contraire et venir jusqu'en δ en passant par-dessus les positions intermédiaires φ et β qui ne donneraient pas de sommets. Nous obtenons ainsi le sixième côté nq, puis on continuera de la même manière, jusqu'à ce que l'on soit revenu au point de départ.

Si après avoir fermé ce premier polygone on reconnaissait qu'il existe encore des sommets non employés, il faudrait prendre l'un d'eux comme point de départ, et former un nouveau polygone d'intersection.

156. — Arrachement. — Pénétration. — En supposant les deux pyramides convexes, on dit qu'il y a *arrachement*, comme dans l'exemple que nous avons traité, lorsque des deux plans limites, l'un d'eux correspond à une pyramide et l'autre plan à l'autre pyramide. Il en résulte que sur chaque pyramide, il existe des arêtes qui ne rencontrent pas l'autre pyramide, et l'intersection se réduit à un seul polygone. Il y a au contraire *pénétration,* lorsque les deux plans limites correspondent à la même pyramide. Dans ce cas, toutes les arêtes de la pyramide comprise entre les deux plans limites rencontrent l'autre pyramide qui, de son côté, a des arêtes de part et d'autre des deux plans limites ne rencontrant pas la première pyramide.

L'intersection se compose alors de deux polygones que l'on appelle, l'un d'eux le polygone d'entrée, et l'autre le polygone de sortie.

Il est inutile d'insister plus longtemps sur cette distinction en pénétration ou en arrachement qui, on le conçoit bien, n'avance pas beaucoup la construction du polygone commun aux deux pyramides.

II. — PONCTUATION.

157. — 1. Système des deux pyramides solides et de même substance.

158. — Règle I. — *Un côté du polygone d'intersection est vu, lorsqu'il est donné par deux faces vues, en considérant les deux polyèdres séparément.*

Supposons, par exemple, que S*ab*, S*bc*, S_1de, S_1df (fig. 71, pl. 7) soient les faces vues dans la projection que nous avons dessinée, *mt* provenant de S_1ef sera cachée, *to* provenant de S*ab* et S_1fd est vue, de même *or*, *rp* et *pn* sont vues. Les autres côtés sont tous cachés.

159. — Règle II. — *Les portions d'arêtes de l'une des pyramides contenues dans l'autre n'existent plus ;* donc les portions *mn*, *op*, *qr*, *st* sont marquées en traits mixtes.

160. — Règle III. — *Toute arête primitivement vue, et arrivant à un point vu du polygone d'intersection, est vue jusqu'à ce point. Si au contraire elle aboutit à un point caché, elle est cachée avant d'arriver à ce point.*

Ainsi l'arête S*a* partant du point S aboutit au point *n* qui est vu ; donc S*n* est vue, elle sort ensuite de la pyramide S_1 par le point *m* qui est caché ; donc elle reste cachée à partir du point *m* jusqu'au moment où elle sort du contour apparent de la pyramide S_1. C'est seulement à partir de ce point qu'elle redevient vue.

L'arête S*b* coupe la pyramide S_1 en deux points vus *o* et *p* ; donc les régions S*p* et *ob* sont vues.

Quant à l'arête S*c*, elle ne coupe pas la pyramide S_1, mais le plan auxiliaire mené par cette arête est en avant du plan limite $\sigma\delta\sigma_1$; donc l'arête S*c* est vue tout entière.

On opère de la même manière pour les arêtes S_1d et S_1f. Enfin l'arête S_1e se trouve dans un plan auxiliaire au delà du plan limite $\sigma x \sigma_1$; donc cette arête peut être cachée par la pyramide S_1 et c'est ce qui a lieu ici dans l'intérieur du contour apparent de la pyramide S.

161. — 2. Système des surfaces opaques des deux pyramides.

La seule différence qui existe entre cet exemple et le précédent, c'est que les portions d'arêtes *mn*, *op*, *qr*, *st* (fig. 72, pl. 7) qui étaient enlevées, sont maintenant conservées, mais cachées.

162. — 3. Système des deux pyramides solides et de substances différentes, *la pyramide* S *étant plus dense que la pyramide* S_1 (fig. 73, pl. 7).

En vertu de l'impénétrabilité de la matière, il est impossible de représenter le système des deux pyramides solides et de substances différentes, à moins, comme nous l'avons fait, d'indiquer quelle est la pyramide la moins dense. Cette pyramide sera entamée pour laisser passer l'autre pyramide.

La pyramide S_1 étant entamée, les portions d'arêtes *qr*, *st* seront enlevées ; d'ailleurs, la pyramide S restant entière, les portions d'arêtes *mn*, *op* sont conservées, mais cachées. Quant au reste, la ponctuation est la même que dans les deux exemples précédents.

163. — 4. Partie solide de la pyramide S_1 extérieure à la pyramide S (fig. 74, pl. 7).

164. — Règle I. — *Commençons par établir la ponctuation* *du polygone sur la pyramide* S, *supposée seule et conservée tout entière*. La région *torpnqs* est donc vue.

165. — Règle II. — *Enlevons des arêtes de la pyramide* S_1, *ce qui est contenu dans la pyramide* S ; ainsi *qr* et *st* sont enlevées.

166.— Règle III. — *Conservons des arêtes de la pyramide* S, *la région contenue dans la pyramide* S_1. Ici, par exemple, les portions *mn* et *op* sont conservées mais cachées.

167. — Règle IV. — *Une partie* Sk *du polygone d'intersection redevient vue comme contour apparent*. Dans la région *ksqnprok*, on voit une partie de la face *Sac* qui est conservée à l'intérieur de S_1.

Pour l'indiquer, on remplit quelquefois cette région avec des hachures, parallèles par exemple à *ab*.

168. — 5. **Partie solide de la pyramide S extérieure à la pyramide S_1**. Ce solide a été représenté fig. 75, pl. 7.

169. — 6. **Solide commun aux deux pyramides** (fig. 76, pl. 7).

170. — Règle I. — *Établissons la ponctuation du polygone comme dans le système des deux corps solides et de même substance, ou sur l'une des pyramides supposée solide seule et conservée tout entière*.

171. — Règle II. — *Conservons avec sa ponctuation primitive la portion d'arête de chaque pyramide contenue dans l'autre pyramide*.

Ainsi *mn, op, qr, st* sont conservées et vues.

172. — Règle III. — *Les côtés* tm, nq, qs *du polygone d'intersection redeviennent vus comme contours apparents*.

173. — 7. **Surface de la pyramide S_1 extérieure à la pyramide S** (fig. 77, pl. 7).

174. — Règle I. — *On établit la ponctuation du polygone sur la pyramide* S_1 *supposée opaque seule et conservée tout entière*.

175. — Règle II. — *On enlève les portions d'arêtes de la pyramide* S_1 *contenues dans la pyramide* S.

176. — Règle III. — *Les arêtes de la pyramide* S *sont enlevées complètement*.

Dans la région *ksqnprok*, on voit la face S_1ef de la pyramide S_1, et on l'indique en remplissant cette région avec des hachures parallèles à *ef*.

177.—8. **Surface opaque de la pyramide S extérieure à la pyramide S_1.**

Cette surface est représentée figure 78, planche 7.

178. — 9. **Surface opaque de la pyramide S_1 contenue dans la pyramide S** (fig. 79, pl. 7).

179. — Règle I. — *On établit la ponctuation du polygone sur la pyramide* S_1 *supposée réduite à sa surface opaque seule et conservée tout entière.*

180. — Règle II. — *On conserve seulement des arêtes de la pyramide* S_1 *et avec leur ponctuation primitive, les régions contenues dans la pyramide* S.

181. — Règle III. — *Les arêtes de la pyramide* S *sont enlevées complétement.*

182. — Règle IV. — *La partie* tmkt *du polygone d'intersection redevient vue comme contour apparent.*

Dans la région *tmkt*, on voit la face S_1ef à l'intérieur, et on l'indique en remplissant cette région avec des hachures parallèles à *ef*.

183. — 10. **Surface opaque de la pyramide S contenue dans la pyramide S_1.**

On a représenté cette surface figure 80, planche 7.

184. — **Pyramide et prisme.** — Si au lieu de deux pyramides, on avait un prisme et une pyramide, on prendrait comme plans auxiliaires, des plans parallèles aux arêtes du prisme, et passant par le sommet de la pyramide. La ligne des sommets serait donc remplacée par une parallèle aux arêtes du prisme menée par le sommet de la pyramide.

Deux prismes. — Enfin dans le cas de deux prismes, on emploie comme plans auxiliaires des plans parallèles aux arêtes des deux prismes. Pour cela, par un point de l'espace, on mène des parallèles aux arêtes des deux prismes; elles déterminent un plan dont on cherche les traces sur les deux plans de base; $p\pi$,

$p_1\pi$ sont alors les directions des traces des plans auxiliaires sur les deux plans de base.

On peut dire que les points $\sigma\sigma_1$ sont à l'infini dans les directions πp πp_1.

Toutes les autres constructions sont alors les mêmes que dans le premier cas.

185. — Remarque I. — Nous avons jusqu'à présent supposé les deux plans de base différents, mais la méthode reste la même en supposant ces deux plans identiques ; seulement les constructions se simplifient, puisqu'on n'a plus besoin que des traces du plan auxiliaire sur le plan de base commun. Les deux points $\sigma\sigma_1$ sont donc confondus, et la droite XX_1 ne joue plus aucun rôle.

186. — Remarque II. — Nous n'avons effectué les constructions que dans une projection, la projection horizontale par exemple. Dans une épure, on pourrait les répéter en projection verticale et vérifier ensuite que les projections des sommets se correspondent par des lignes de rappel. Ou bien on peut se servir directement des lignes de rappel pour trouver les projections verticales, seulement on n'aurait plus de vérification.

III. — EXEMPLE.

187. — *Intersection de deux prismes ayant pour base dans le plan horizontal un même hexagone* abcdef, *les arêtes des deux prismes étant parallèles aux droites* $a\alpha a'\alpha'$, $a\alpha_1 a'\alpha'_1$ (fig. 81, pl. 8).

Représenter la partie du solide commun au-dessus du plan horizontal.

Commençons par construire un plan parallèle aux arêtes des deux prismes. Ce plan est déterminé par $a\alpha a'\alpha'$, $a\alpha_1 a'\alpha'_1$.

Cherchons la trace des plans auxiliaires sur le plan de base ou sur un plan parallèle, soit par exemple $\alpha\alpha_1$, $\alpha'\alpha'_1$.

Menons ensuite les plans auxiliaires par toutes les arêtes.

Par exemple, le plan passant par le sommet b a pour trace horizontale bb_1 qui rencontre les deux bases aux points bb_1. Faisons passer par ces deux points des parallèles aux arêtes de deux prismes, et nous aurons quatre points d'intersection mbp_1b_1.

Les deux points bb_1 appartiennent à la base commune qui fait évidemment partie de l'intersection. Si ensuite nous projetons verticalement les points p_1 et m sur les arêtes correspondantes, nous reconnaissons que le point p_1 est au-dessous du plan horizontal; donc le point mm' convient seul pour le problème que nous nous sommes proposé.

En faisant la même remarque pour les autres plans auxiliaires, nous obtiendrons finalement comme sommets utiles a, m, o, d, p, n correspondant aux plans auxiliaires menés par a, b, c, d, e, f.

Pour joindre les points, partons de la position limite a où nous mettons le numéro (1) trois fois (deux fois pour les bases, une fois pour l'intersection).

Faisons marcher le premier mobile sur la base du premier prisme dans le sens ab, celui du second prisme dans le sens af. Nous arrivons en b pour le premier prisme et en b_1 pour le second, ce qui nous donne le sommet m.

Puis nous arrivons en f_1 pour le premier prisme, et en f pour le second, ce qui nous donne le point n.

Les positions suivantes des trois mobiles sont alors cc_1o, puis ee_1p, et enfin le point d.

En continuant à la manière ordinaire, on aurait trouvé la région du polygone au-dessous du plan horizontal, et on serait revenu au point de départ.

188. — Ponctuation. — En projection horizontale, le côté am étant donné par les deux faces vues af du premier prisme et ab du second prisme est vu; il en est de même pour mn, no, op, ab; nous nous réserverons pour pd, bc, cd, de, ef, fa.

Les portions d'arêtes fn, ep du premier prisme sont conservées et vues; il en est de même des portions d'arêtes mb, co du deuxième prisme.

Enfin les côtés pd, bc, cd, de, ef, fa redeviennent vus comme contours apparents.

En projection verticale, les côtés dp, po sont vus comme provenant de faces vues primitivement, de, ef du premier prisme et cd du deuxième prisme.

Les arêtes fn, ep du premier prisme sont vues, et il en est de même de l'arête *co* du deuxième prisme. Quant à l'arête *bm* du deuxième prisme, elle reste cachée dans sa partie conservée.

Enfin le côté *on* redevient vu comme contour apparent.

IV. — SECTION PLANE D'UN PRISME OU D'UNE PYRAMIDE.

La méthode que nous avons indiquée pour trouver l'intersection de deux pyramides peut s'employer aussi pour la détermination des sections planes d'un prisme ou d'une pyramide.

189. — *Soit,* par exemple, *à déterminer une section plane de la pyramide* Sabc (fig. 82, pl. 8).

Nous mènerons d'abord par le sommet une droite quelconque dont nous déterminerons les points de rencontre $\sigma\sigma_1$ avec le plan de base et avec le plan sécant. Soit de plus XX_1 l'intersection du plan de base et du plan sécant.

Nous emploierons comme plans auxiliaires des plans passant par la droite $S\sigma\sigma_1$ et successivement par toutes les arêtes de la pyramide.

Ainsi le plan auxiliaire mené par S*a* a pour trace sur le plan de base $\sigma a x$ et coupe le plan sécant suivant $\sigma_1 x$, ce qui nous donne en a_1 un sommet du polygone d'intersection.

La même construction, répétée pour les autres arêtes, nous donne successivement les sommets b_1 et c_1.

Enfin le polygone s'obtiendra en joignant les sommets trouvés dans le même ordre que les sommets correspondants de la base.

190.—Remarque I.—Comme droite fixe $S\sigma\sigma_1$, on peut choisir, par exemple, l'une des projetantes du sommet, ce qui revient à employer comme plans auxiliaires les plans projetants des arêtes de la pyramide.

191. — Remarque II. — Si l'un des points $\alpha\beta\gamma$ sortait des limites de l'épure, on pourrait remplacer la droite $S\sigma\sigma_1$ par une autre droite mieux choisie. En se donnant en Σ le point de rencontre de cette nouvelle droite fixe avec le plan de base, la construction précédente permettrait de trouver en Σ_1 son point de rencontre avec le plan sécant.

Si, par exemple, on choisit S*b*, on en déduit que les droites

ba, b_1a_1 doivent rencontrer XX_1 au même point, de même pour bc et b_1c_1.

Il résulte de cette remarque, que l'on peut, connaissant un sommet du polygone, en déduire tous les autres, sans construire aucune ligne supplémentaire.

192. — Exemple. — *Intersection de la pyramide* Sabc, S'a'b'c' *par le plan* $D\delta D_1$ (fig. 83, pl. 8).

Considérons la perpendiculaire au plan vertical S'; elle coupe le plan $D\delta D_1$ au point $\sigma_1\sigma'_1$ et le plan de base à l'infini dans la direction aa'. L'intersection du plan de base avec le plan sécant est $D\delta$.

Le plan auxiliaire mené par Sa, S'a' coupe le plan de base en projection horizontale suivant $a\alpha$, et le plan sécant suivant $\sigma_1\alpha$, ce qui donne le sommet $a_1a'_1$.

Nous obtenons de même les sommets $b_1b'_1$, $c_1c'_1$.

Comme vérification, $a_1b_1a'_1b'_1$, $aba'b'$ coupent la trace horizontale du plan au même point; il en est de même pour $aca'c'$, $a_1c_1a'_1c'_1$.

193. — PONCTUATION. — Proposons-nous de représenter la surface opaque de la pyramide comprise entre le plan horizontal et le plan sécant.

Le polygone $a_1b_1c_1$, $a'_1b'_1c'_1$ est vu tout entier dans les deux projections.

Les portions d'arêtes $aa_1a'a'_1$, $bb_1b'b'_1$, $cc_1c'c'_1$ sont conservées avec leur ponctuation en supposant le tronc de pyramide solide, mais en représentant la surface, la portion de ces arêtes à l'intérieur du polygone en projection redevient vue.

CHAPITRE V

FIGURES CONVEXES.

194. — Définition. — *On dit qu'un polygone plan est convexe, lorsque ce polygone est tout entier d'un même côté par rapport à un côté quelconque du polygone, cette droite étant prolongée dans les deux sens.*

Il résulte de cette définition que tout polygone convexe n'est coupé qu'en deux points par une ligne droite. En effet, si la droite A coupait le contour polygonal aux trois points *mnp*, le point intermédiaire *n* appartiendrait à un côté *ab* du polygone; donc ce polygone ayant deux points de son contour de part et d'autre de *ab*, ne serait pas tout entier du même côté par rapport à *ab*.

Inversement, *tout polygone plan coupé en deux points seulement par une ligne droite quelconque, la région comprise entre les deux points appartenant à la surface du polygone, est convexe.*

En effet, si le polygone n'était pas convexe, il existerait des droites, en particulier des côtés du polygone coupant en plus de deux points le contour polygonal.

D'une manière analogue, un polyèdre est convexe, lorsqu'il est tout entier d'un même côté par rapport à une face quelconque prolongée indéfiniment. On en déduit qu'un polyèdre convexe est coupé en deux points seulement par une ligne droite, et inversement que si un polyèdre est coupé par une droite quelconque en deux points seulement, la région solide traversée étant comprise entre les deux points, le polyèdre est convexe.

195. — THÉORÈME I. — *Toute section plane d'un polyèdre convexe est un polygone convexe.*

En effet, ce polygone ne peut être coupé qu'en deux points

par une ligne droite, la région de la droite comprise entre les deux points appartenant à la surface de la section, puisqu'elle traverse la partie solide du polyèdre.

196. — THÉORÈME II. — *Toutes les faces du solide commun à deux polyèdres convexes sont des polygones convexes.*

Soit en effet, *a* (fig. 84, pl. 8) une face du premier polyèdre, le plan de cette face coupe le deuxième polyèdre suivant la section π.

La région commune aux surfaces des deux polygones *a* et π constitue une face du solide commun.

Or une droite quelconque coupe le polygone *a* en deux points *mn* et le polygone π aux deux points $\mu\nu$, les régions contenues dans les surfaces polygonales étant comprises entre *mn* ou $\mu\nu$. Donc le contour polygonal qui constitue la face du solide commun est coupé seulement en deux points μn par une droite quelconque, la région contenue dans la face du solide commun étant comprise entre les deux points μ et *n*.

La face considérée du solide commun est donc bien convexe.

197. — THÉORÈME III. — *Le solide commun à deux polyèdres convexes est lui-même un polyèdre convexe.*

La démonstration de ce théorème est analogue à celle du précédent, en appelant *mn*, $\mu\nu$ les points de rencontre d'une droite quelconque avec les deux polyèdres donnés.

198. — THÉORÈME IV. — *Le contour apparent d'un polyèdre convexe est un polygone convexe.*

En effet, si ce contour apparent n'est pas convexe, on peut le couper par une droite en quatre points au moins $\alpha\beta\gamma\delta$, et par suite deux régions différentes de la droite traversent ce contour apparent (fig. 85, pl. 8).

Prenons dans chacune de ces deux régions un point, *a* dans la première, *b* dans la seconde. Ces deux points peuvent être considérés comme les projections de deux points A, B à l'intérieur du polyèdre.

Or la droite AB, en partant du point à l'intérieur du polyèdre, coupe nécessairement le polyèdre en un point au moins pour arriver en P hors du polyèdre ; de même, elle coupe le polyèdre au moins en un point entre *a* et M.

Enfin la même droite AB coupe nécessairement le polyèdre en deux points au moins projetés entre γ et δ ; donc le polyèdre n'est pas convexe, ce qui est contraire à l'hypothèse.

Comme application de ce théorème, nous pouvons dire que *le contour apparent du solide commun à deux polyèdres convexes est un polygone convexe.*

Les théorèmes que nous venons de démontrer sont vrais en employant des projections obliques ou orthogonales ; ils s'appliquent en même temps à l'ombre au soleil, mais ils ne s'appliquent pas toujours aux projections coniques ou à l'ombre au flambeau.

Il sera bon de tenir compte de ces différents théorèmes lorsqu'on aura trouvé l'intersection de deux polyèdres, et l'on pourra ainsi corriger des erreurs graphiques qui sont quelquefois inévitables, et qui sans ces remarques passeraient inaperçues.

CHAPITRE VI

I. — DÉTERMINATION DES OMBRES.

Étant donné un objet, on peut éclairer cet objet, soit à l'aide d'une source lumineuse à distance finie, c'est le cas de l'ombre au flambeau ; soit à l'aide d'une source lumineuse placée à l'infini, et c'est alors le cas de l'ombre au soleil.

Le problème se décompose en deux parties ; premièrement, ombres propres, c'est-à-dire ombres sur le corps ; deuxièmement, ombres portées par le corps sur les corps environnants.

199. — Ombre d'un point. — Si nous traçons le rayon lumineux qui joint le point donné à la source lumineuse, tous les points de cette droite au delà du point considéré, par rapport à la source lumineuse, sont dans l'ombre. En effet, les rayons qui joignent ces différents points au point lumineux sont interceptés par le point considéré M avant d'arriver jusqu'à eux.

Il en résulte que l'ombre portée par le point M sur un objet quelconque sera le premier point de rencontre du rayon SM avec cet objet. Par exemple (fig. 86, pl. 8), l'ombre portée par le point M sur le plan P, c'est le point de rencontre m du plan P avec le rayon lumineux SM. Ceci nous montre que, trouver l'ombre d'un point n'est autre chose que trouver la projection conique du même point dans le cas de l'ombre au flambeau, ou la projection oblique dans le cas de l'ombre au soleil.

200. — Ombre d'une ligne. — L'ombre portée par une ligne est le lieu des ombres portées par les différents points de la ligne.

201. — THÉORÈME. — *L'ombre portée par une ligne droite sur un plan est une ligne droite ; excepté, lorsque la* *droite passe par le point lumineux, auquel cas l'ombre de la droite se réduit à un point.*

Ce théorème est la reproduction de celui que nous avons énoncé pour la projection d'une droite : il est donc inutile d'en renouveler la démonstration.

Il résulte de ce théorème que pour trouver l'ombre portée par une droite sur un plan, il suffit de joindre par une ligne droite les ombres portées de deux points de la droite.

202. — Ombre portée par une droite sur une droite. — Pour trouver l'ombre portée par une droite A sur une droite B, on mène par A et la source lumineuse S un plan (fig. 87, pl. 8) dont on cherche l'intersection avec la droite B ; on a ainsi le point demandé. Cette construction se simplifie lorsqu'on a les ombres portées des deux droites sur une même surface, et en particulier sur un plan.

Soit, par exemple, *a*,*b* les ombres portées par les deux droites AB sur le plan P. Le rayon lumineux S*m* qui passe par le point de rencontre de *a* et *b* s'appuie simultanément sur les deux droites AB en M et M_1.

Le problème est ainsi résolu ; SMM_1 étant par exemple l'ordre des points sur le rayon lumineux commun, on en déduit que le point M de A projette en M_1 une ombre sur B.

203. — Ombre portée par un polyèdre sur le plan horizontal. — Étant donné un polyèdre quelconque, déterminons successivement les ombres portées par tous les sommets sur le plan horizontal, et joignons tous ces points dans le même ordre que les points correspondants du polyèdre ; autrement dit, cherchons les ombres de toutes les arêtes sur le plan horizontal. On reconnaît alors qu'une partie de ces droites forme un polygone à l'intérieur duquel se trouvent toutes les autres. C'est ce polygone qui constitue le contour de l'ombre portée par le polyèdre sur le plan horizontal.

Pour continuer de montrer l'analogie entre les ombres et les projections, nous dirons que le contour de l'ombre portée est la même chose que le contour apparent en projection conique du polyèdre.

Les arêtes du polyèdre dont les ombres ont donné le contour de l'ombre portée forment sur le polyèdre un polygone qui constitue le contour de l'ombre propre.

Le contour de l'ombre propre partage la surface du polyèdre en deux régions ; l'une d'elles, dirigée du côté de la source lumineuse, est éclairée ; l'autre, opposée à la source lumineuse, est dans l'ombre.

II. — OMBRE D'UN TÉTRAÈDRE.

204. — Problème. — *Soit à trouver l'ombre propre et l'ombre portée sur le plan horizontal, par le tétraèdre* Sabc, S'a'b'c' *éclairé par des rayons lumineux parallèles à* AA' (fig. 88, pl. 8).

Les ombres des sommets sont $\alpha\beta\gamma\sigma$, et par suite celles des arêtes $\alpha\beta$, $\beta\gamma$, $\gamma\alpha$, $\sigma\alpha$, $\sigma\beta$, $\sigma\gamma$.

Le contour de l'ombre portée est $\alpha\beta\sigma\gamma\alpha$, donc toute la région du plan horizontal contenue dans ce polygone est dans l'ombre ; on la remplit dans sa partie vue avec des hachures parallèles, ou bien avec une teinte plate.

Le contour de l'ombre propre sera *absca*, *a'b's'c'a'* ; il partage la surface du tétraèdre en deux régions, premièrement *asb*, *asc*, deuxièmement *abc*, *sbc*.

Il reste à distinguer laquelle de ces deux régions est éclairée. Pour cela, nous construirons un rayon lumineux quelconque, dont nous chercherons les deux points de rencontre avec le tétraèdre ; celui de ces deux points qui sera le plus rapproché de la source lumineuse appartiendra à une face éclairée, l'autre point sera dans l'ombre.

Considérons, par exemple, le rayon lumineux déterminé par le point de rencontre de $\beta\gamma$ et de $\sigma\alpha$; il coupe *bc* en *m* et S*a* en *p*. Donc le point *p* est éclairé, tandis que le point *m* est dans l'ombre.

Il résulte de là que les deux faces S*ac*, S*ab* sont éclairées et que les deux autres faces S*bc*, *abc* sont dans l'ombre.

On remplit les faces dans l'ombre avec des hachures ou avec une teinte plate, lorsque ces faces sont vues.

III. — RELÈVEMENT DE L'OMBRE SUR LE PLAN VERTICAL.

205. — Jusqu'à présent, nous n'avons parlé que de l'ombre portée sur le plan horizontal. Or il peut arriver qu'une partie de cette ombre se trouve dans la région postérieure du plan horizontal. Dans ce cas, un certain nombre de rayons lumineux *rasants* sont arrêtés par le plan vertical avant d'atteindre le plan horizontal. Il convient donc de chercher l'ombre portée sur le plan vertical. On l'obtiendra de la même manière que l'ombre portée sur le plan horizontal; c'est-à-dire en cherchant les traces verticales des rayons lumineux passant par les sommets du polyèdre.

206. — Remarque I. — En supposant connue complétement l'ombre portée sur le plan horizontal, il suffit de prendre les traces verticales des rayons lumineux passant par les sommets du contour de l'ombre propre.

207. — Remarque II. — Le contour de l'ombre portée sur le plan horizontal, et le contour de l'ombre portée sur le plan vertical coupent la ligne de terre au même point.

IV. — OMBRE D'UN TRONC DE PRISME.

208. — *Soit à trouver les ombres propres et portées sur les deux plans de projection par le tronc de prisme* $abca_1b_1c_1$, $a'b'c'$ $a'_1b'_1c'_1$ (fig. 89, pl. 8).

Les sommets abc ont pour ombres sur le plan horizontal les points $\alpha\beta\gamma$; donc $a\alpha\beta\gamma ca$ est le contour de l'ombre portée sur le plan horizontal.

La région $m\beta n$ étant derrière le plan vertical, il faut la relever sur le plan vertical, et pour cela, il suffit de chercher la trace verticale du rayon lumineux $b\beta b'\beta'$, soit $\beta_1\beta_1'$; $m'\beta'_1n'$ sera donc dans sa partie utile l'ombre portée sur le plan vertical.

V. — OMBRE D'UN POLYÈDRE SUR UN AUTRE POLYÈDRE.

209. — *Soit à déterminer toutes les ombres produites par un système composé du prisme* $abcda_1b_1c_1d_1$, $a'b'c'd'a'_1b'_1c'_1d'_1$ *et de la pyramide* Sefg, Se'f'g', *ces deux corps étant éclairés par des rayons lumineux parallèles à* DD' (fig. 90, pl. 8).

Nous déterminerons d'abord les ombres portées par les deux polyèdres sur le plan horizontal. Soit $b\beta\gamma\delta d$ le contour de l'ombre portée par le prisme, et $f\sigma e$ le contour de l'ombre portée par la pyramide. La région $\mu\gamma\delta\pi$ étant à l'intérieur de l'ombre portée par la pyramide, c'est que la région correspondante du prisme donne une ombre sur la partie éclairée de la pyramide.

Considérons, par exemple, le rayon lumineux passant par le point μ ; il rencontre les arêtes S*f* et *bc* aux deux points *n* et *m* ; donc le point *m* de l'arête *bc* projette en *n* une ombre sur l'arête *sf*.

Le point *n* est un premier point de l'ombre portée par l'arête *bc* sur la face éclairée S*ef*. Pour en trouver un deuxième, nous allons déterminer le point de l'ombre portée par *bc* sur une droite quelconque de la face S*ef*, soit *ef*.

Le point λ est précisément l'ombre portée par *bc* sur *ef*, donc λn est l'ombre de *bc* sur la face S*ef*. Enfin la partie utile de cette droite est $n\gamma_1$, le point γ_1 étant sur le rayon lumineux du point C.

Il faut ensuite trouver l'ombre portée par *cd* sur la face S*ef*. Nous en avons un premier point en γ_1, le deuxième s'obtient de la même manière que λ, c'est-à-dire en cherchant l'ombre portée par *cd* sur *ef*, soit ω ce point. L'ombre cherchée est donc $\gamma_1\omega$, sa partie utile se réduit à $\gamma_1\delta_1$. Enfin l'ombre portée par la verticale *d* se réduit $\pi\delta_1$.

En résumé, la région $fn\gamma_1\delta_1\pi f$ de la face S*ef* est maintenant dans l'ombre. On a déterminé la projection verticale de ce nouveau contour, en projetant les sommets $\gamma_1\delta_1$ sur les rayons lumineux correspondants, et les points $\lambda\omega\pi$ sur la ligne de terre.

Enfin on a redressé l'ombre de la pyramide sur le plan vertical suivant $e'\sigma'\rho'$.

LIVRE IV

DROITES ET PLANS RECTANGULAIRES

CHAPITRE PREMIER

I. — DROITES RECTANGULAIRES.

210. — THÉORÈME. — *Un angle droit se projette sur un plan parallèle à l'un des côtés suivant un angle droit.*

Soit, par exemple, l'angle droit ABC (fig. 91, pl. 8) que nous projetons sur le plan P parallèle au côté *ab*.

Premièrement, AB étant parallèle au plan P, cette droite est aussi parallèle à sa projection AB.

Deuxièmement, en employant des projections orthogonales, les deux droites AB et B*b* sont rectangulaires ; donc la droite AB est perpendiculaire sur le plan projetant BC*bc*, à cause de l'angle droit ABC.

La parallèle *ab* à AB sera aussi perpendiculaire sur le même plan et en particulier sur *bc* qui passe par son pied dans ce plan.

211. — Remarque. — Ce théorème, comme nous l'avons déjà dit, suppose l'emploi des projections orthogonales ; il suppose de plus que la droite BC se projette suivant une ligne droite. Ainsi le théorème est en défaut lorsque BC est perpendiculaire au plan P, auquel cas l'angle se projette uniquement suivant la droite *ab*.

212. — Réciproque I. — *Un angle se projetant sur un plan* *parallèle à l'un de ses côtés suivant un angle droit est lui-même un angle droit.*

Soit, par exemple, l'angle ABC (fig. **91**, pl. 8) dont la projection orthogonale sur le plan P parallèle à AB est un angle droit *abc*.

Comme précédemment, les droites AB et *ab* sont parallèles entre elles.

La droite *ab* est perpendiculaire sur le plan projetant *bc*BC, à cause des deux angles droits *abc*, *ab*B. Il en est donc de même pour la parallèle AB, et par suite AB est perpendiculaire sur BC qui passe par son pied dans le plan *bc*BC.

213. — Réciproque II. — *Un angle droit se projetant suivant un angle droit a au moins l'un de ses côtés parallèle au plan de projection.*

Soit l'angle droit ABC se projetant orthogonalement sur le plan P suivant l'angle droit *abc* (fig. 91, pl. 8).

Supposons que BC ne soit pas parallèle au plan P.

Premièrement, la droite AB étant perpendiculaire sur BC, elle est contenue dans un plan perpendiculaire à BC, et par suite, perpendiculaire sur le plan projetant BC*bc*.

Deuxièmement, la droite *ab* étant perpendiculaire sur *bc*, la droite AB est contenue dans le deuxième plan *ab*AB perpendiculaire aussi sur le plan BC*bc*. Donc AB est perpendiculaire sur le plan BC*bc* comme intersection de deux plans perpendiculaires à un troisième. Or BC*bc* est un plan projetant, donc AB est parallèle au plan de projection.

Cette démonstration suppose que les deux plans dont AB est l'intersection ne sont pas confondus. S'il en était ainsi, c'est que la droite BC qui leur est perpendiculaire serait parallèle au plan de projection. Cette hypothèse est donc contraire à la première, ou bien elle suppose le théorème démontré.

II. — DROITES ET PLANS RECTANGULAIRES.

214. — THÉORÈME. — *Toute droite perpendiculaire sur un plan a ses projections perpendiculaires sur les traces de même nom du plan.*

Pour fixer les idées, supposons qu'il s'agisse d'une projection horizontale. Considérons alors l'horizontale du plan passant par le pied de la perpendiculaire sur le plan. Cette horizontale forme avec la droite un angle droit dont l'un des côtés est parallèle au plan horizontal, et qui par suite se projette horizontalement suivant un angle droit. Ainsi la projection horizontale de la droite est perpendiculaire sur une horizontale déterminée du plan; elle est donc perpendiculaire sur toutes les horizontales du plan, et en particulier sur la trace horizontale.

Cette démonstration est en défaut dans le cas où la droite est verticale, puisqu'alors l'angle droit qu'elle forme avec l'horizontale ne se projette plus que suivant une droite. Dans ce cas, le plan donné est horizontal.

215. — Réciproque. — *Toute droite ayant ses projections dans deux systèmes différents perpendiculaires sur les traces de même nom d'un plan est perpendiculaire sur ce plan.*

Pour fixer les idées, supposons que le premier plan de projection soit le plan horizontal.

Considérons alors l'horizontale du plan qui passe par le point de rencontre de la droite avec le plan; elle forme avec la droite un angle qui se projette sur le plan horizontal suivant un angle droit. La droite donnée est donc perpendiculaire sur une horizontale du plan.

De même le deuxième plan de projection étant le plan vertical, la droite dans l'espace est perpendiculaire sur une ligne de front du plan, et par suite finalement la droite est perpendiculaire au plan.

Cette démonstration est en défaut lorsque l'horizontale et la ligne de front du plan sont parallèles à la ligne de terre, c'est-à-dire lorsque le plan est parallèle à la ligne de terre, ou, ce qui revient au même, lorsque la droite est dans un plan de profil.

CHAPITRE II

I. — PERPENDICULAIRE SUR UN PLAN.

216. — Problème. — *Abaisser d'un point une perpendiculaire sur un plan, et trouver le pied de cette perpendiculaire sur le plan.*

Nous commencerons par déterminer une horizontale et une ligne de front du plan. Soit, par exemple, HH'FF' (fig. 92, pl. 8) ces deux droites, puis nous abaisserons des deux points *a*,*a'* des perpendiculaires sur H et F'. La droite ainsi obtenue AA' est la perpendiculaire demandée.

Pour trouver le pied de la perpendiculaire, abaissée du point *aa'* sur le plan HFH'F', il suffit de déterminer l'intersection de la droite AA' avec ce plan. Soit *mm'* ce point. En mesurant la distance des deux points *aa'*,*mm'*, on aurait la distance du point au plan.

Dans la figure 93, planche 9, on a résolu le même problème, mais en supposant le plan donné par ses traces.

II. — PLAN PERPENDICULAIRE SUR UNE DROITE.

217. — Problème. — *Mener par un point un plan perpenlaire diculaire sur une droite.*

Soit le point *aa'* et la droite AA' (fig. 94, pl. 9). L'horizontale du plan inconnu menée par le point *aa'* aura sa projection verticale parallèle à la ligne de terre et sa projection horizontale perpendiculaire sur A. De même, la ligne de front du plan inconnu menée par *aa'* aura sa projection verticale perpendiculaire sur A', et sa projection horizontale parallèle à la ligne de terre. Nous avons ainsi suivant HH' et FF' deux droites pour déterminer le plan.

Cette construction n'est pas applicable dans le cas où la droite est dans un plan de profil, puisqu'alors les deux droites HH' et FF' sont confondues. Nous indiquerons une solution de ce cas particulier en parlant des changements de plan.

Ayant ainsi déterminé deux droites du plan, on peut en déduire toutes les droites que l'on veut, et en particulier les traces.

Proposons-nous de déterminer uniquement l'une des traces du plan, par exemple, la trace horizontale.

On commencera par tracer la ligne de front FF' dont on cherchera la trace horizontale *ff'* (fig. 95, pl. 9); puis par ce point, on mènera Pα perpendiculaire sur A, et l'on aura ainsi la trace horizontale demandée.

De même, si l'on avait voulu trouver uniquement la trace verticale du plan, on aurait commencé par dessiner l'horizontale HH' sans tracer la ligne de front FF'.

III. — PERPENDICULAIRE SUR UNE DROITE.

218. — Problème. — *Abaisser d'un point une perpendiculaire sur une droite.*

Soit le point *aa'* et la droite AA' (fig. 94, pl. 9); nous mènerons par le point *aa'* un plan perpendiculaire sur AA'. Ce plan est ici déterminé par l'horizontale HH' et la ligne de front FF'. Puis nous déterminerons l'intersection de AA' avec ce plan FHF'H'. Enfin en joignant le point ainsi obtenu *mm'* au point donné *aa'*, nous aurons la perpendiculaire demandée.

Lorsque nous saurons trouver la distance de deux points, en mesurant la longueur *ama'm'*, nous aurons la distance du point *aa'* à la droite AA'.

IV. — PERPENDICULAIRE COMMUNE A DEUX DROITES.

Nous décomposerons ce problème en deux parties; dans la première, nous chercherons la direction de la perpendiculaire commune, et dans la deuxième, la position de la perpendiculaire commune.

219. — 1° Direction de la perpendiculaire commune.

Pour obtenir cette direction, on peut dire que la perpendiculaire commune est perpendiculaire sur un plan parallèle aux deux droites, ou bien qu'elle est parallèle à l'intersection de deux plans perpendiculaires respectivement aux deux droites.

Si nous voulons appliquer le premier procédé, par un point de l'espace, par exemple oo' (fig. 97, pl. 9), menons des parallèles aux deux droites, soit AA' et $B_1B'_1$, puis déterminons une horizontale hh' et une ligne de front ff' du plan $AB_1A'B'_1$. La perpendiculaire commune a alors sa projection horizontale perpendiculaire sur h, et sa projection verticale perpendiculaire sur f'.

Pour appliquer le deuxième procédé, nous mènerons les deux plans $P\alpha P_1$, $R\beta R_1$ perpendiculaires respectivement sur AA' et BB'. L'intersection $mnm'n'$ de ces deux plans donne la direction demandée (fig. 96, pl. 9).

220. — 2° Position de la perpendiculaire commune. Il ne nous reste plus qu'à construire une parallèle à la direction trouvée $mnm'n'$ s'appuyant sur les deux droites données AA'BB'. Pour cela, par le point oo' de AA', menons une parallèle à la direction connue, elle détermine avec AA' un plan $A\Delta A'\Delta'$ dont nous cherchons l'intersection avec BB'. Soit bb' ce point. Enfin, en menant par bb' une parallèle à $\Delta\Delta'$, on aura la perpendiculaire commune demandée.

Quand nous saurons trouver la distance de deux points, en mesurant la longueur $aba'b'$, nous aurons la plus courte distance entre les deux droites.

V. — CAS PARTICULIERS DE LA PERPENDICULAIRE COMMUNE A DEUX DROITES.

221. — 1° *L'une des droites est perpendiculaire sur l'un des plans de projection.*

Soit, par exemple, la verticale AA' (fig. 98, pl. 9) et la droite quelconque BB'.

La perpendiculaire commune devant être perpendiculaire sur une verticale, elle est parallèle au plan horizontal. Cette perpendiculaire commune forme donc avec BB' un angle droit qui se projette horizontalement suivant un angle droit.

Il résulte de ce raisonnement que la projection horizontale de la perpendiculaire commune s'obtient en abaissant du point A une perpendiculaire sur B; soit ab. Quant à la projection verticale $a'b'$, elle s'obtient en projetant verticalement b en b'

sur B′, et en menant par ce point une parallèle à la ligne de terre.

222. — Remarque. — La plus courte distance entre les deux droites est mesurée ici par *ab*, puisque la perpendiculaire commune est parallèle au plan horizontal.

223. — 2° *Les deux droites sont parallèles à l'un des plans de projection.*

Soit, les deux droites AA′, BB′ (fig. 99, pl. 9) parallèles toutes deux au plan horizontal.

La perpendiculaire commune est alors verticale, et par suite elle se projette horizontalement au point de rencontre *ab* des projections horizontales des deux droites ; d'ailleurs sa projection verticale n'est autre chose que la ligne de rappel du point *ab*.

224. — Remarque. — La perpendiculaire commune étant parallèle au plan vertical, la plus courte distance entre les deux droites est mesurée par *a′b′*.

225. — 3° *Les deux droites ont deux projections de même nom parallèles entre elles.*

Soit, par exemple, les deux droites AA′, BB′ (fig. 100, pl. 9) dont les projections verticales sont parallèles entre elles. Nous connaissons immédiatement un plan parallèle aux deux droites, c'est le plan projetant verticalement A′ ou B′. La perpendiculaire commune est donc perpendiculaire sur ce plan, et par suite sa projection horizontale est parallèle à la ligne de terre, tandis que sa projection verticale est perpendiculaire sur A′.

Il ne reste donc plus qu'à construire une parallèle à une direction donnée s'appuyant sur deux droites données. On obtient ainsi suivant *aba′b′* la perpendiculaire commune demandée.

226. — Remarque. — Comme dans les cas précédents, on a en même temps la longueur de la plus courte distance entre les deux droites ; elle est mesurée par *a′b′*, ou plus simplement par la distance entre A′ et B′.

227. — 4° *L'une des deux droites est horizontale, et l'autre de front.*

Ici encore, nous connaissons la direction de la perpendiculaire commune ; en projection horizontale, elle est perpendiculaire sur H (fig. 101, pl. 9), et en projection verticale, elle est perpendiculaire sur F′. Il ne reste donc plus qu'à appliquer à la manière ordinaire la deuxième partie de la construction.

5° *L'une des deux droites est la ligne de terre.*

Proposons-nous, dans ce cas particulier (fig. 102, pl. 9), de trouver directement la perpendiculaire commune sans le secours des changements de plans ou des rotations, ce qui, soit dit en passant, donnerait lieu à des constructions plus simples, et en même temps plus naturelles.

Cherchons d'abord la direction de la perpendiculaire commune, en prenant l'intersection des deux plans $P\alpha P_1$, $S\alpha S_1$ perpendiculaires respectivement aux deux droites. Soit $\alpha m\alpha' m'$ cette intersection.

Par la ligne de terre, menons un plan parallèle à cette direction ; il est déterminé par la ligne de terre et le point mm', ou bien par la ligne de terre et CC′. Enfin, cherchons l'intersection de ce plan avec AA′, soit aa'. Finalement, $aba'b'$ est la perpendiculaire commune demandée.

EXERCICES.

1. Abaisser d'un point une perpendiculaire sur un plan parallèle à la ligne de terre (sans changement de plan ni rotation).

2. Trouver les relations entre les projections des arêtes et les traces des faces d'un trièdre trirectangle.

3. Construire un trièdre trirectangle, connaissant les traces horizontales des trois arêtes en supposant l'une des arêtes parallèle au plan vertical.

LIVRE V

CHANGEMENTS DE PLANS. — ROTATIONS. — RABATTEMENTS

CHAPITRE PREMIER

228. — Le but des changements de plans est le suivant : *Étant donné une figure déterminée par ses projections dans un système de deux plans de projection rectangulaires, trouver les nouvelles projections de la même figure dans un nouveau système de deux plans de projection rectangulaires quelconques.*

I. — CHANGEMENT DE PLAN POUR UN POINT.

229. — Changement de plan vertical. — Commençons par changer un seul des deux plans de projection, par exemple le plan vertical.

Nous nous proposons donc ici de remplacer le système des deux plans de projection primitifs par un autre système composé, premièrement, du plan horizontal ancien, et deuxièmement, d'un nouveau plan vertical déterminé par sa trace horizontale x_1y_1.

La trace horizontale x_1y_1 du nouveau plan vertical étant l'intersection des deux plans de projection qui constituent le nouveau système, elle sera précisément la nouvelle ligne de terre.

Voyons alors quelles sont les nouvelles projections d'un point défini par ses deux projections aa' dans le système primitif (fig. 103, pl. 9).

1° La projection horizontale a ne change pas, puisque le plan horizontal est commun aux deux systèmes ;

2° La nouvelle projection verticale se trouve sur une nouvelle ligne de rappel perpendiculaire à x_1y_1 et menée par la projection horizontale a commune aux deux systèmes ;

3° La nouvelle projection verticale a'_1 est à une distance de la nouvelle ligne de terre x_1y_1, égale à la distance de l'ancienne projection verticale à l'ancienne ligne de terre xy. En effet, de part et d'autre, cette distance représente la distance du point de l'espace au plan horizontal commun aux deux systèmes ;

4° Enfin cette longueur doit être portée dans notre exemple au-dessus de x_1y_1 en lisant x_1y_1 de gauche à droite, puisque dans le système primitif, le point donné était au-dessus du plan horizontal, et qu'il doit y rester.

Ce que nous venons de dire pour un point quelconque peut évidemment s'appliquer à tous les points d'une figure quelconque ; donc le problème du changement de plan vertical est complétement résolu.

230. — Changement de plan horizontal. — Proposons-nous maintenant d'effectuer un changement de plan horizontal, c'est-à-dire de remplacer le système des deux plans de projections primitifs par un autre système composé : 1° du plan vertical ; 2° d'un nouveau plan horizontal perpendiculaire par conséquent au plan vertical, et déterminé d'ailleurs par sa trace verticale x_1y_1.

Comme précédemment, x_1y_1 (fig. 104, pl. 9) sera la nouvelle ligne de terre.

Pour trouver les nouvelles projections d'un point aa', nous dirons :

1° La projection verticale a' ne change pas, puisque le plan vertical est commun aux deux systèmes ;

2° La nouvelle projection horizontale se trouve sur une nouvelle ligne de rappel perpendiculaire à x_1y_1 et menée par la projection verticale a' commune aux deux systèmes ;

3° La nouvelle projection horizontale est à une distance de la nouvelle ligne de terre, égale à la distance de l'ancienne projection horizontale, à l'ancienne ligne de terre ; car l'éloignement est le même dans les deux systèmes ;

4° Enfin, dans l'exemple actuel, l'éloignement $a_1\alpha_1$ doit être compté au-dessous de la ligne de terre, parce que dans le système précédent, le point était en avant du plan vertical, et qu'il doit y rester dans le second système.

231. — Remarque. — Le sens suivant lequel on doit porter la côte ou l'éloignement d'un point est parfaitement déterminé lorsqu'on a effectué le changement de plan pour un point, de telle sorte qu'on peut alors continuer les opérations du changement de plan sans écrire les lettres x_1y_1.

Par exemple, étant donné deux points dans le premier système ayant leurs projections verticales du même côté de xy, en faisant un changement de plan vertical, les deux nouvelles projections verticales doivent se trouver du même côté par rapport à la nouvelle ligne de terre.

II. — CHANGEMENT DE PLAN POUR UNE DROITE.

232. — *Pour trouver la nouvelle projection d'une droite, il suffit d'effectuer le changement de plan pour deux points de cette droite.*

Parmi les points de cette droite, il est avantageux de choisir la trace qui ne change pas, c'est-à-dire la trace sur le plan commun aux deux systèmes.

Soit à effectuer le changement de plan vertical x_1y_1 pour la droite AA' (fig. 105, pl. 9).

Nous choisirons comme premier point la trace horizontale aa'.

L'avantage qu'il y a à choisir ce point, c'est que sa nouvelle projection verticale se trouve sur la ligne de terre ; on n'a donc pas de côte à transporter.

Il est bien entendu que si ce choix particulier ne pouvait pas réussir, on n'aurait qu'à prendre un autre point quelconque, bb' par exemple, qui a pour nouvelle projection verticale b'_1.

Ainsi donc $a'_1b'_1$ est la nouvelle projection verticale de la droite.

233. — Problème. — *Trouver directement dans l'exemple précédent la nouvelle trace verticale de la droite* AA' (fig. 105, pl. 9).

La nouvelle trace verticale de AA' doit se projeter horizontalement dans le nouveau système sur la nouvelle ligne de terre x_1y_1. Il suffit donc d'effectuer le changement de plan pour le point cc' qui se projette horizontalement sur x_1y_1, et qui a pour nouvelle projection verticale c'_1.

Ainsi cc'_1 est la nouvelle trace verticale de la droite.

On reconnait par là que pour trouver la nouvelle trace verticale de la droite, il n'était pas nécessaire de connaître la nouvelle projection verticale A'_1 de la droite.

Ce que nous venons de faire pour un changement de plan vertical s'appliquerait bien entendu à un changement de plan horizontal.

III. — CHANGEMENT DE PLAN POUR UN PLAN.

234. — Si l'on veut déterminer un plan dans un nouveau système, *il suffit d'effectuer le changement de plan pour trois points du plan, ou, ce qui revient au même, pour une droite et un point, ou enfin pour deux droites.*

235. — **Exemple I.** — *Soit à effectuer le changement de plan vertical* x_1y_1 pour le plan ABA'B' (fig. 106, pl. 9).

Nous marquerons sur chacune des deux droites un point; aa', bb', ces deux points avec le point de rencontre oo' détermineront le plan : puis nous effectuerons le changement de plan indiqué pour ces trois points. Soit $a'_1b'_1o'_1$ leurs nouvelles projections verticales. Le plan est donc maintenant déterminé par les trois points aa'_1, bb'_1, oo'_1, ou par les deux droites $oa, o'_1a'_1$, $obo'_1b'_1$.

236. — Problème. — *Trouver directement dans l'exemple précédent la nouvelle trace verticale du plan.*

Pour résoudre cette question, il suffit de joindre par une ligne droite les traces verticales nouvelles des deux droites qui déterminent le plan donné.

Ainsi $\alpha\beta\alpha'_1\beta'_1$ est la nouvelle trace verticale demandée.

237. — Remarque. — Si la construction ne pouvait pas réussir, on n'aurait qu'à remplacer les deux droites qui déterminent le plan donné par d'autres droites mieux choisies dans le plan pour résoudre le problème.

238. — **Exemple II.** — Dans ce nouvel exemple, nous allons nous proposer de *trouver les nouvelles traces d'un plan, en supposant le plan déterminé primitivement par ses traces.* La marche à suivre est la même que précédemment, et pour s'en rendre compte, il suffit d'employer les mêmes notations, en appelant, par exemple, la trace horizontale AA'; et la trace verticale BB'.

Soit donc à effectuer le changement de plan vertical x_1y_1 pour le plan $P\alpha P_1$ (fig. 107, pl. 9).

Nous dirons : 1° la trace horizontale $P\alpha$ ne change pas, puisque le plan horizontal est commun aux deux systèmes ; 2° cherchons la nouvelle trace verticale, et pour cela déterminons les traces verticales nouvelles aa'_1, bb'_1 des deux droites qui déterminent le plan donné.

Finalement, $a'_1b'_1$ est la nouvelle trace verticale demandée.

Voici comment on peut encore énoncer cette construction : 1° la trace horizontale $P\alpha$ ne change pas ; 2° son point de rencontre aa' avec la nouvelle ligne de terre appartient à la nouvelle trace verticale ; 3° effectuons le changement de plan pour le point bb' du plan qui se projette horizontalement au point de rencontre des deux lignes de terre. Le point ainsi obtenu bb'_1 ayant son éloignement nul appartiendra aussi à la trace verticale nouvelle. Donc $a'_1b'_1$ est cette trace verticale nouvelle demandée.

Cette explication présente un inconvénient que n'a pas la première, c'est qu'on ne se rend pas compte du moyen de transformer la construction lorsqu'elle ne réussit pas ; tandis qu'avec la première explication, on comprend bien que si la construction ne réussit pas avec certaines droites particulières du plan, on a toujours le droit d'en choisir d'autres dans le même plan.

IV. — PRENDRE UN PLAN QUELCONQUE COMME PLAN DE PROJECTION.

239. — Étant donné un plan quelconque $P\alpha P_1$ (fig. 108, pl. 10), il est impossible, d'après ce que nous avons vu précédemment, de le prendre directement comme plan horizontal de projection, à moins que le plan donné soit perpendiculaire au plan vertical.

Il est donc indispensable de commencer par rendre le plan donné perpendiculaire au plan vertical. Pour cela, il faudra nécessairement effectuer un changement de plan vertical.

Le nouveau plan vertical doit être perpendiculaire sur le plan horizontal dans le système primitif, et sur le nouveau plan horizontal $P\alpha P_1$ dans le nouveau système. Autrement dit, le nouveau plan vertical est perpendiculaire sur $P\alpha$.

En résumé, pour prendre le plan $P\alpha P_1$ comme plan horizontal, commençons premièrement par effectuer un changement de plan vertical, en prenant comme ligne de terre x_1y_1 une perpendiculaire sur la trace horizontale $P\alpha$ du plan donné. Ce changement de plan a pour but de rendre le plan donné perpendiculaire au plan vertical. Soit, par exemple, $\alpha_1P'_1$ la nouvelle trace verticale du plan donné.

Maintenant que le plan est perpendiculaire au plan vertical, on a le droit de le prendre comme plan horizontal. La deuxième opération est donc un changement de plan horizontal, en prenant $P'_1\alpha_1$ comme ligne de terre.

V. — RENDRE UNE DROITE VERTICALE.

240. — Ce problème est identique au précédent : en effet, si l'on rend une droite AA′ (fig. 109, pl. 10) verticale, c'est qu'on a pris un plan $P\alpha P_1$ perpendiculaire à la droite comme plan horizontal de projection.

1re OPÉRATION. — Changement de plan vertical, ayant pour but de rendre le plan $P\alpha P_1$ perpendiculaire au plan vertical, ou, ce qui revient au même, ayant pour but de rendre la droite AA′ parallèle au plan vertical. Il faut donc choisir comme ligne de terre x_1y_1 une parallèle à A. Soit A'_1 la nouvelle projection verticale de AA′.

2e OPÉRATION. — Changement de plan horizontal ayant pour but de rendre AA′ verticale ou bien de rendre le plan $P\alpha P'$ horizontal. Il faut donc choisir cette fois la ligne de terre x_2y_2 perpendiculaire sur A'_1.

Après ces deux opérations, la droite se projette verticalement suivant A'_1 et horizontalement suivant le point A_2.

Lorsqu'on a l'occasion d'effectuer, comme nous venons de le faire, plusieurs changements de plans successifs, on n'a pas à tenir compte des relations que les différentes figures obtenues pourraient avoir entre elles. Nous voulons dire par là qu'il faut appliquer mécaniquement les règles du changement de plan pour chaque point, sans chercher à se rendre compté si ces points se déplacent, car il n'y a ici aucun déplacement.

Aussi en lisant une épure de changement de plan, il ne faut voir dans chaque système que les projections concernant ce système, en faisant abstraction de toutes les autres.

Ainsi dans le premier système, il ne faut s'occuper que des points aa', bb', cc', etc.; dans le deuxième système, il ne faudra voir que les points aa'_1, bb'_1, cc'_1, etc., et de même pour tous les changements de plans successifs.

VI. — REMPLACER LE SYSTÈME DES DEUX PLANS DE PROJECTION PAR UN AUTRE SYSTÈME DE DEUX PLANS RECTANGULAIRES QUELCONQUES.

241. — Nous arrivons enfin au problème général des changements de plans, dans lequel on se propose de changer simultanément les deux plans de projection.

Soit, par exemple, $P\alpha P_1$ (fig. 110, pl. 10) le plan qui doit être pris comme plan horizontal de projection, et $ltl't'$ l'intersection de ce plan avec celui qui doit servir plus tard de plan vertical.

Nous ne pouvons rien nous donner en plus du nouveau plan vertical, car il est complétement déterminé par une droite, puisqu'il doit être perpendiculaire sur le plan $P\alpha P_1$.

A l'aide de deux opérations, nous prendrons le plan $P\alpha P_1$ comme plan horizontal, et ensuite nous choisirons le deuxième plan comme plan vertical de projection.

Voici donc la série d'opérations à effectuer :

1re OPÉRATION. — Changement de plan vertical x_1y_1 ayant pour but de rendre le plan $P\alpha P_1$ perpendiculaire au nouveau plan vertical.

Appliquons ce changement de plan à tous les éléments de la figure et remarquons que dans ce système x_1y_1, tous les points du plan $P\alpha P_1$ se projettent verticalement sur sa trace verticale.

2e OPÉRATION. — Changement de plan horizontal x_2y_2 en prenant comme ligne de terre la trace verticale nouvelle du plan $P\alpha P_1$. Actuellement, le plan $P\alpha P_1$ est pris comme plan horizontal de projection; quant à l'autre plan, il est maintenant vertical et a pour trace horizontale l_2t_2.

3e OPÉRATION. — Changement de plan vertical l_2t_2. Après ces trois opérations, le problème général que nous nous étions proposé est enfin résolu.

Comme exercice, on fera bien de reprendre les raisonnements précédents, de manière à choisir le plan $P\alpha P_1$ comme plan vertical, et le deuxième plan donné comme plan horizontal.

CHAPITRE II

I. — ROTATION D'UN POINT. — RELATION ENTRE LES ROTATIONS ET LES CHANGEMENTS DE PLANS.

242. — Le but général des rotations est le suivant : *Étant donné deux plans rectangulaires, amener ces deux plans à coïncider avec les deux plans de projection à l'aide de mouvements de rotation autour d'axes convenablement choisis.*

En tournant autour d'une droite fixe, un point quelconque décrit une circonférence dont le plan est perpendiculaire à l'axe de rotation, et dont le centre est sur l'axe. De plus, le rayon aboutissant à la nouvelle position du point fait avec le rayon aboutissant à l'ancienne position du point un angle égal à l'angle de rotation, et compté dans le sens de la rotation.

Pour qu'il soit possible de représenter l'arc de cercle décrit par chaque point dans ce mouvement, il est nécessaire que le plan de ce cercle soit parallèle à l'un des plans de projection. Nous supposerons donc toujours l'axe de rotation perpendiculaire sur l'un des plans de projection.

243. — Rotation d'un point autour d'un axe vertical. — Proposons-nous, par exemple, de *faire tourner le point* aa' (fig. 111, pl. 10) *autour de la verticale* o *d'un angle* α *dans le sens de la flèche* F.

1° L'axe de rotation étant vertical, la circonférence décrite par le point se projette horizontalement suivant une circonférence décrite du point o comme centre, avec oa pour rayon, et verticalement suivant une parallèle à la ligne de terre menée par a'.

2° Le nouveau rayon oa_1 fait avec l'ancien oa en projection horizontale un angle égal à l'angle de rotation α.

3° Cet angle aoa_1 est compté dans le sens de la rotation indiquée par la flèche F.

244. — Remarque. — Le résultat trouvé après une rotation peut s'obtenir également par un changement de plan. Autrement dit, une rotation et un changement de plan sont choses équivalentes.

Dans l'exemple précédent (fig. **111**, pl. **10**), faisons tourner la ligne de terre xy d'un angle égal à l'angle de rotation, mais en sens contraire du sens indiqué ; soit x_2y_2 la nouvelle position de xy.

Effectuons ensuite le changement de plan vertical x_2y_2 pour tous les éléments de la figure primitive.

Nous allons vérifier que la figure obtenue après la rotation dans le système primitif xy est identique avec la figure obtenue après le changement de plan vertical x_2y_2.

En effet, faisons tourner la figure obtenue après le changement de plan autour du point o, d'un angle α dans le sens de la rotation.

La droite $o\omega_2$ prend la position $o\omega$, oa vient coïncider avec oa_1 ; x_2y_2, qui est perpendiculaire à $o\omega_2$, prend la position xy perpendiculaire sur $o\omega$.

Puis la droite $a\alpha_2$, qui est perpendiculaire sur x_2y_2, coïncide avec $a_1\alpha_1$ perpendiculaire sur xy. Enfin, le point a'_2 vient en a'_1, parce que les deux cotes $a'_2\alpha_2$, $a'_1\alpha_1$ sont égales ; donc les résultats sont bien identiques.

Jusqu'à présent, nous avons fait tourner simplement un point autour d'un axe vertical, mais si au lieu d'un point on avait une figure quelconque, on n'aurait qu'à faire tourner successivement tous les points de la figure.

Enfin la marche à suivre est la même, lorsqu'au lieu d'un axe vertical, on a un axe perpendiculaire au plan vertical.

II. — ROTATION D'UNE DROITE.

245. — *Pour faire tourner une droite autour d'un axe, il suffit d'en faire tourner deux points.* Parmi les différents points de cette droite, il est assez utile de choisir le pied de la perpendiculaire commune entre la droite et l'axe.

Soit à faire tourner la droite AA' autour de la verticale o (fig. **112**, pl. **10**).

Choisissons comme premier point le pied aa' de la perpendiculaire commune entre la droite et l'axe, il vient en $a_1a'_1$. Il résulte de là que la nouvelle projection A_1 de la droite A est une perpendiculaire sur oa_1 menée par a_1.

Tel est le principal avantage qu'il y a à choisir comme premier point le point aa'.

Faisons ensuite tourner un deuxième point de la droite, soit la trace horizontale hh'. Comme vérification, le point h_1 doit se trouver sur A_1. En choisissant ce deuxième point, on fait une économie d'une parallèle à la ligne de terre qui ici est remplacée par la ligne de terre elle-même. Ainsi donc a_1h_1, $a'_1h'_1$ sont les nouvelles projections de la droite.

III. — ROTATION D'UN PLAN.

246. — *Pour faire tourner un plan autour d'une droite, il suffit d'en faire tourner trois points, ou bien une droite et un point, ou enfin deux droites.*

Il est utile de choisir comme premier point, le point de rencontre du plan avec l'axe, parce que ce point reste fixe.

Soit à faire tourner le plan $P\alpha P_1$ (fig. 113, pl. 10) autour de la verticale o.

Commençons par déterminer le point fixe oo' à l'aide de la ligne de front du plan $ofo'f'$ qui rencontre l'axe, puis faisons tourner une droite quelconque du plan, par exemple la trace horizontale.

Soit $R\beta$ la nouvelle trace horizontale du plan ; le nouveau plan sera déterminé par sa trace horizontale $R\beta$ et le point oo'. On a suivant $o\varphi o'\varphi'$ une ligne de front du plan dans sa nouvelle position, il en résulte que la nouvelle trace verticale $R_1\beta$ s'obtient en menant par β une parallèle à $o'\varphi'$.

IV. — RENDRE UN PLAN HORIZONTAL.

247. — En faisant tourner un plan quelconque autour d'un axe vertical, l'angle de ce plan avec le plan horizontal ne change pas ; donc il ne peut pas devenir nul.

De même, en faisant tourner un plan autour d'un axe perpendiculaire au plan vertical, l'angle du plan avec le plan vertical ne change pas ; donc il ne peut pas devenir un angle droit.

Il est donc impossible, à l'aide d'une seule rotation, d'amener un plan à être horizontal, à moins cependant que le plan soit déjà perpendiculaire au plan vertical.

En effet, soit $P\alpha P_1$ (fig. 114, pl. 10) un plan perpendiculaire au plan vertical, en le faisant tourner autour d'un axe perpendiculaire au plan vertical, le plan reste constamment perpendiculaire au plan vertical, tandis que l'angle du plan avec le plan horizontal prend toutes les grandeurs possibles, et en particulier peut devenir nul. Il suffit, pour arriver à ce résultat, d'amener la trace verticale $P_1\alpha$ à être parallèle à la ligne de terre. L'angle de rotation est donc mesuré par $a'o'a'_1$, qui indique en même temps le sens de la rotation. Ainsi après cette rotation, le plan donné est devenu le plan horizontal H_1.

Revenons maintenant à la question primitive, rendre un plan horizontal. Il est entendu que ce problème ne peut se résoudre à l'aide d'une seule rotation, que si le plan est déjà perpendiculaire au plan vertical. Donc, le plan donné étant quelconque, il faut commencer par le rendre perpendiculaire au plan vertical.

Cette nouvelle opération ne peut se faire que par une rotation autour d'un axe vertical, qui ne change pas l'angle du plan avec le plan horizontal, mais permet à l'angle avec le plan vertical de devenir droit. Il suffit en effet, d'amener la trace horizontale, à être perpendiculaire à la ligne de terre.

Voici donc, en résumé, la série d'opérations à effectuer pour rendre un plan horizontal (fig. 115, pl. 10).

1re OPÉRATION. — Rotation autour de l'axe vertical o, ayant pour but d'amener le plan $P\alpha P_1$ à être perpendiculaire au plan vertical. Cette rotation est mesurée par l'angle aoa_1, elle donne au plan la position $R\beta R_1$.

2e OPÉRATION. — Rotation autour de la perpendiculaire au plan vertical ω', ayant pour but d'amener le plan $R\beta R_1$ à être parallèle au plan horizontal. Cette nouvelle rotation est mesurée par l'angle $b'\omega'b'_1$.

Finalement, le plan donné est devenu le plan horizontal H_1.

V. — RENDRE UNE DROITE VERTICALE.

Comme nous l'avons vu à propos des changements de plan, ce problème est identique au précédent ; aussi nous contenterons-nous d'indiquer les opérations successives qui permettent de le résoudre.

Soit à rendre la droite AA′ verticale (fig. 116, pl. 10).

1re OPÉRATION.—Rotation autour de la verticale o, ayant pour but de rendre la droite parallèle au plan vertical. Cette rotation est mesurée par l'angle aoa_1, et la droite AA′ prend la position $A_1A'_1$.

2e OPÉRATION. — Rotation autour de la perpendiculaire au plan vertical ω', permettant de rendre la droite verticale. Cette nouvelle rotation est mesurée par l'angle $b'_1\omega'b'_2$; et la droite $A_1A'_1$ devient la verticale A_2.

248. — Problème. — *Amener deux plans rectangulaires à être parallèles au plan de projection.*

Pour résoudre ce dernier problème général des rotations, il faudra, comme cela s'est présenté pour les changements de plan, trois opérations successives. Les deux premières opérations rendent le premier plan horizontal, et la troisième rend le second plan parallèle au plan vertical.

CHAPITRE III

RABATTEMENTS.

Parmi les différents problèmes que nous venons de résoudre, le plus souvent employé est celui dans lequel on rend un plan parallèle à l'un des plans de projection.

Nous savons résoudre ce problème, soit avec deux changements de plan successifs, soit à l'aide de deux rotations successives.

D'ailleurs, nous savons qu'un changement de plan et une rotation sont choses équivalentes; donc au lieu de deux opérations successives de même nature, on peut faire successivement un changement de plan puis une rotation.

L'ensemble de ces deux opérations dans l'ordre indiqué constitue ce qu'on appelle un *rabattement.*

Voici une autre manière d'envisager cette question. Pour rendre un plan horizontal, la marche naturelle consiste à le faire tourner autour de l'une de ses horizontales, d'un angle égal à l'angle du plan donné avec le plan horizontal. Or, pour ramener cette rotation aux rotations ordinaires, il est nécessaire de rendre l'axe, ou la charnière, perpendiculaire à l'un des plans de projection; de là le changement de plan primitif suivi enfin d'une rotation.

249. — Problème. — *Soit, par exemple, à rabattre le plan* aHa'aH' *sur le plan horizontal* H' (fig. **117**, pl. **10**).

1re OPÉRATION. — Changement de plan vertical x_1y_1, ayant pour but de rendre la charnière HH' perpendiculaire au plan vertical.

L'axe a pour nouvelle projection verticale le point H'_1, et le point aa' vient se projeter verticalement en a'_1. Il résulte de là que le plan a pour trace verticale $a'_1H'_1$.

2e OPÉRATION. — Rotation autour de la perpendiculaire au plan vertical H'_1 ayant pour but de rendre le plan donné horizontal. Cette rotation est mesurée par l'angle $a'_1H'_1a'_2$, qui indique en même temps le sens du rabattement. Enfin le point aa'_1 a pour rabattement $a_2a'_2$.

I. — RABATTEMENT D'UN POINT QUELCONQUE.

Proposons-nous d'appliquer au point mm', les opérations que nous venons d'indiquer. La première opération nous donne en m'_1 la nouvelle projection verticale du point.

Pour effectuer simplement la deuxième, abaissons du point mm' une perpendiculaire $m\mu m'_1\mu'_1$ sur le plan, et au lieu de faire tourner le point lui-même, faisons tourner le point $\mu\mu'_1$ qui vient en $\mu_2\mu'_2$. Quant au point mm'_1, il vient en $m_2m'_2$, la longueur $\mu'_2m'_2$ étant égale à $\mu'_1m'_1$.

En employant cette manière de procéder, on n'a pas à construire l'angle $m'_1H'_1m'_2$ égal à l'angle de rotation. De plus, en demandant le rabattement du point, c'est le point m_2 qu'il faut trouver, donc il est en général inutile de marquer le point m'_2.

II. — RABATTEMENT D'UN POINT DU PLAN. — SIMPLIFICATIONS.

Les constructions précédentes se simplifient, lorsque le point que l'on veut rabattre est contenu dans le plan qu'on rabat.

Soit par exemple (fig. 118, pl. 10) m la projection horizontale d'un point du plan $aHa'H'$. Dans le système x_1y_1, ce point se projettera verticalement en m'_1 sur la trace verticale du plan donné ; la rotation l'amène en $m_2m'_2$.

250. — Règle du triangle rectangle. — Nous pouvons donc dire que *le rabattement* m_2 *d'un point quelconque du plan se trouve sur une perpendiculaire à la projection horizontale de la charnière menée par la projection horizontale du point, et à une distance de la projection horizontale de la charnière qui est l'hypoténuse d'un triangle rectangle, ayant pour côtés de l'angle droit, les distances des deux projections du point aux deux projections de même nom de la charnière.*

Cette règle, comme nous l'avons dit en commençant, ne s'applique qu'aux points contenus dans le plan. Nous engageons le lecteur à ne l'employer que dans le cas où on n'a qu'un petit nombre de points à rabattre, parce que les différents triangles rectangles construits pour chaque point gênent la lecture de l'épure, tandis qu'il n'en est pas de même en faisant le changement de plan une seule fois.

Voici encore une autre simplification du même problème en supposant connu le rabattement d'un premier point du plan.

Soit par exemple H la projection horizontale de la charnière (fig. 119, pl. 10), a la projection horizontale d'un point du plan, et a_2 le rabattement de ce point.

Soit enfin m, la projection horizontale d'un point quelconque du plan. Joignons am; cette droite rencontre H en un point fixe μ, donc elle se rabat suivant $a_2\mu$, et par suite le point m se rabat en m_2 sur $a_2\mu$.

On peut encore se servir du rabattement d'une droite du plan, pour en déduire le rabattement d'un point quelconque p du plan. Menons en effet l'horizontale $p\pi$ (fig. 119, pl. 10), elle se rabat suivant une parallèle à H menée par π_2 rabattement de π; donc le point p se rabat en p_2. Par ce dernier procédé, on n'a pas à craindre que le point μ sorte des limites de l'épure.

On pourra choisir, par exemple, comme droite $a\mu$, la trace verticale du plan.

III. — EMPLOI DES CHANGEMENTS DE PLANS. — ROTATIONS. — RABATTEMENTS.

251. — Jusqu'à présent, nous avons exposé les méthodes des changements de plans, rotations et rabattements sans en montrer les applications. Avant d'aborder ce chapitre, il faut indiquer comment ces méthodes peuvent être employées dans la résolution des problèmes.

Étant donné un problème de géométrie descriptive à résoudre, il faut d'abord s'occuper de la partie purement géométrique du problème, ensuite on examinera les positions particulières que l'on peut faire prendre aux données, pour qu'il soit facile d'exécuter les constructions indiquées dans la solution géométrique. On est donc conduit à effectuer des changements de plan, rotations ou rabattements ayant pour but d'amener les données dans des conditions particulières par rapport aux plans de projection.

Comme exemple simple, citons la construction d'un cube. Il résulte des propriétés géométriques du cube, qu'il est excessivement facile de construire ce solide, lorsqu'il a une face dans le plan horizontal. Si donc avec les éléments connus du cube, on peut mettre en évidence le plan d'une face, il sera bon de choisir ce plan particulier comme plan de projection, à l'aide de deux changements de plans successifs, ou de deux rotations successives, ou enfin à l'aide d'un rabattement.

Quant au choix de l'une ou l'autre de ces méthodes, il appartient tout entier à celui qui fait l'épure, puisque nous avons démontré l'équivalence des trois procédés.

En général, on pourrait cependant préférer les changements de plans comme gênant moins l'épure. En effet, après un changement de plan, on n'a que trois projections du système à dessiner, tandis qu'après une rotation, on a en tout quatre projections du même système à dessiner. Cependant, il n'en serait pas de même si le système était de révolution, et qu'on pût choisir comme axe de rotation l'axe du système.

On fera donc bien d'examiner si d'après la disposition des données, telle méthode ne donnerait pas lieu accidentellement à des constructions plus simples que telle autre méthode.

Enfin on n'oubliera pas que des notations bien choisies, en soulageant la mémoire, facilitent toujours le travail.

CHAPITRE IV

I. — DISTANCE DE DEUX POINTS.

Pour résoudre cette question, nous nous appuierons sur ce fait, *que toute figure plane se projette sur un plan parallèle au plan de la figure, suivant une ligne égale.*

Il suffit donc, pour trouver la distance de deux points, d'amener la droite qui joint ces deux points à être parallèle à l'un des plans de projection.

On arrive d'ailleurs à ce résultat à l'aide d'un changement de plan ou d'une rotation.

252. — Problème. — *Soit,* par exemple, *à trouver la distance de deux points* $aa'bb'$ (fig. 120, pl. 10).

Effectuons un changement de plan vertical ayant pour but de rendre $aba'b'$, parallèle au plan vertical. Nous choisirons alors comme ligne de terre x_1y_1 une parallèle à ab, par exemple ab elle-même. Les nouvelles projections verticales des deux points sont a'_1,b'_1; donc $a'_1b'_1$ mesure la distance des deux points.

253. — Élévation du plan horizontal. — Étant donnée une figure quelconque, si on diminue les cotes des différents points d'une même quantité, on obtient une figure égale à la première. Dans l'exemple précédent, diminuons les cotes des deux points aa',bb' de la quantité $a'\alpha$, nous aurons ainsi en $a'_1b'_1$ (fig. 121, pl. 11) la nouvelle projection verticale de la droite.

Ainsi donc, au lieu de compter les cotes jusqu'au plan horizontal primitif, nous les comptons seulement jusqu'au plan horizontal a'. On dit qu'on a élevé le plan horizontal jusqu'en a'.

Pour mieux rattacher cette construction aux constructions ordinaires, sans pour cela introduire de nouvelles conventions, il suffit de dire qu'on a choisi comme ligne de terre L_1T_1, la longueur $a'_1\alpha_1$ étant égale à $a'\alpha$.

Au lieu d'un changement de plan vertical, on serait arrivé au même résultat, avec un changement de plan horizontal, en prenant la ligne de terre parallèle à $a'b'$.

La figure **122**, planche **10**, nous donne encore la distance des deux points aa', bb' à l'aide cette fois d'une rotation. Nous avons choisi comme axe la verticale a. En faisant tourner la droite de l'angle bab_1, elle devient la ligne de front $ab_1a'b'_1$, de sorte que finalement $a'b'_1$ mesure la distance des deux points.

Enfin on aurait pu effectuer une rotation autour d'un axe perpendiculaire au plan vertical, de manière à rendre la droite parallèle au plan horizontal.

Nous savons donc maintenant trouver la distance d'un point à un plan, d'un point à une droite et la plus courte distance de deux droites. Nous allons quand même, comme exercice, résoudre directement ces différents problèmes.

II. — DISTANCE D'UN POINT A UN PLAN.

254. — Pour résoudre ce problème, nous le ramènerons au cas particulier où le plan est perpendiculaire à l'un des plans de projection.

Soit donc à trouver (fig. **123**, pl. **10**) la distance du point AA' au plan $P\alpha P_1$. Effectuons le changement de plan vertical x_1y_1 ayant pour but de rendre le plan $P\alpha P_1$ perpendiculaire au plan vertical.

Soit, par exemple, $\alpha_1P'_1$ la nouvelle trace verticale du plan, et A'_1 la nouvelle projection verticale du point.

Dans le système actuel, la perpendiculaire au plan a pour projection $AmA'_1m'_1$, et de plus $A'_1m'_1$ mesure la distance du point au plan.

Si nous revenons au système primitif, nous aurons en $A'm'$ la projection verticale de la perpendiculaire, et en même temps en mm' le pied de la perpendiculaire. Comme vérification, $A'm'$ est perpendiculaire sur $P\alpha$.

III. — DISTANCE D'UN POINT A UNE DROITE.

255. — On peut résoudre ce problème, en rendant la droite perpendiculaire à l'un des plans de projection, ou bien en rendant le plan déterminé par le point et la droite parallèle à l'un des plans de projection.

Seulement, ces solutions nécessitant deux changements de plans ou deux rotations ou un rabattement, nous choisirons de préférence la première méthode qui consiste à mener la perpendiculaire et ensuite à en chercher la longueur. On n'appliquera donc les autres constructions énoncées précédemment que comme exercices.

IV. — PLUS COURTE DISTANCE ENTRE DEUX DROITES.

256. — Pour résoudre ce problème, il suffit d'amener les droites dans les positions particulières où nous avons reconnu qu'il était facile de construire la perpendiculaire commune.

Par exemple, on peut amener l'une des droites à être perpendiculaire sur l'un des plans de projection, ou bien les deux droites à être parallèles à l'un des plans de projection, ce qui nécessitera deux opérations.

On peut encore rendre deux projections de même nom des deux droites parallèles entre elles,à l'aide d'une seule opération, changement de plan ou rotation. Cette manière de procéder sera l'une des meilleures, lorsqu'on voudra trouver uniquement la plus courte distance, sans chercher la perpendiculaire commune.

Quant au dernier cas particulier d'une horizontale et d'une ligne de front, il ne nécessite réellement que deux opérations, mais on n'en déduit pas assez rapidement la perpendiculaire commune, ni la plus courte distance, pour qu'on puisse s'en servir avantageusement.

Comme exercices, nous allons appliquer les trois méthodes à trois exemples de perpendiculaires communes.

257. — **Exemple I.** — *Trouver la perpendiculaire commune aux deux droites* AA', BB' *et leur plus courte distance* (fig. 124, pl. 11), à l'aide de changements de plans ayant pour but de rendre AA' verticale.

1re OPÉRATION. — Changement de plan vertical x_1y_1 ayant pour but de rendre AA' parallèle au plan vertical; A_1',B_1' sont les projections verticales nouvelles des deux droites.

2e OPÉRATION. — Changement de plan horizontal x_2y_2 rendant la droite AA'_1 verticale. La droite A a pour nouvelle projection horizontale le point A_2, et la droite B se projette horizontalement suivant B_2.

Actuellement, a_2b_2 mesure la plus courte entre les deux droites ; d'ailleurs, dans le système x_2y_2, la perpendiculaire commune est horizontale, et elle a pour projections $a_2b_2a'_1b'_1$.

Dans le système x_1y_1, les deux pieds de la perpendiculaire commune se projettent horizontalement en a et b sur A et B, et enfin dans le système xy, ils se projettent verticalement en a' et b' sur A' et B'.

Ainsi finalement $aba'b'$ est la perpendiculaire commune ; en même temps a_2b_2 mesure la plus courte distance entre les deux droites.

258. — Exemple II. — *Trouver la perpendiculaire commune et la plus courte distance entre les deux droites* AA'BB' (fig. 125, pl. 11), *à l'aide de rotations ayant pour but de rendre les deux droites parallèles au plan horizontal.*

Commençons par construire un plan parallèle aux deux droites, et pour cela menons par un point de l'espace des parallèles aux deux droites.

Nous avons choisi comme point de l'espace, le point oo' de AA' et projeté horizontalement sur B, pour n'avoir à mener que la parallèle à B'.

1re OPÉRATION. — Rotation autour de la verticale o ayant pour but de rendre le plan $A\beta A'\beta'$ perpendiculaire au plan vertical.

Nous choisissons autant que possible comme axe la verticale o qui rencontre les deux droites données, dans le but d'introduire des points fixes.

Effectuons d'abord la rotation pour A et β, puis nous en déduirons $B_1B'_1$ qui doit être parallèle à $\beta_1\beta'_1$ et menée par le point fixe de BB'.

Après cette rotation, on a la plus courte distance entre les deux droites, elle est mesurée par la distance entre les projections verticales A'_1 et B'_1.

2e OPÉRATION. — Rotation autour d'un axe perpendiculaire au plan vertical, par exemple la perpendiculaire au plan vertical ω'. Cette rotation mesurée par l'angle $o'\omega'o'_2$ amène A_1 et β_1 en $A_2A'_2$ et $\beta_2\beta'_2$. Il reste à faire tourner un point quelconque de $B_1B'_1$ soit $q_1q'_1$ qui vient en $q_2q'_2$. Nous menons ensuite par ce point $q_2q'_2$ une parallèle à $\beta_2\beta'_2$.

La perpendiculaire commune est alors la verticale $a_2b_2a'_2b'_2$. Effectuons enfin sur cette droite des opérations inverses des précédentes, ce qui donne $a_1b_1a'_1b'_1$ avant la deuxième rotation et $aba'b'$ avant la première.

259. — Exemple III. — *Trouver la plus courte distance et la perpendiculaire commune aux deux droites* AA'BB' (fig. 126, pl. 11), *à l'aide d'un rabattement ayant pour but de rendre les deux droites parallèles au plan horizontal.*

1re OPÉRATION. — Changement de plan vertical x_1y_1 ayant pour but de rendre le plan Aβ, qui est parallèle aux deux droites, perpendiculaire au plan vertical. Les deux droites A et β ont pour nouvelles projections verticales A'_1 et β'_1, qui coïncident avec la trace verticale actuelle du plan Aβ. Quant à la projection verticale B'_1, étant parallèle à β'_1, elle sera déterminée par un point.

La DEUXIÈME OPÉRATION est la même que dans l'exemple précédent.

Après ces deux opérations, la perpendiculaire commune est la verticale a_2b_2, $a'_2b'_2$. Une opération inverse de la rotation nous donne $aba'_1b'_1$, et enfin, dans le système primitif $aba'b'$ est la perpendiculaire commune cherchée. D'ailleurs, la plus courte distance était mesurée après le premier changement de plan par la distance entre A'_1 et B'_1.

V. — ANGLE DE DEUX DROITES.

260. — Définition. — *On appelle angle de deux droites, l'angle de deux parallèles à ces deux droites menées par un même point de l'espace.*

Nous pouvons donc, d'après cela, supposer que les deux droites données se rencontrent. On aura alors l'angle des deux droites, en amenant le plan de ces deux droites à être parallèle à l'un des plans de projection, à l'aide de deux changements de plan, ou bien de deux rotations, ou enfin d'un rabattement.

La construction la plus simple étant donnée par un rabattement, nous avons employé cette méthode (fig. 127, pl. 11) pour trouver l'angle des deux droites $oao'a'$, $obo'b'$. Il suffit, en effet, d'appliquer la règle du triangle rectangle au point oo', les deux points de rencontre des deux droites avec la charnière $aba'b'$ étant fixes. Ainsi ao_2b est l'angle demandé.

VI. — ANGLE D'UNE DROITE ET D'UN PLAN.

261. — *Cet angle est le complément de l'angle de la droite avec une perpendiculaire au plan.*

On mènera donc par un point de la droite une perpendiculaire sur le plan, puis on déterminera, comme dans l'exemple précédent, l'angle de ces deux droites ; son complément sera l'angle cherché.

262. — Cas particulier. — *Le plan donné est l'un des plans de projection, par exemple le plan horizontal.*

L'angle demandé s'obtiendra à l'aide d'un changement de plan vertical ayant pour but de rendre la droite parallèle au plan vertical. Ainsi (fig. **128**, pl. **11**) après le changement de plan vertical x_1y_1, l'angle de la droite avec le plan horizontal est mesuré par l'angle de la nouvelle projection verticale A'_1 avec la nouvelle ligne de terre x_1y_1.

De même (fig. **129**, pl. **11**) l'angle de la droite donnée avec le plan vertical est mesuré par l'angle de A_1 avec x_1y_1, après avoir fait un changement de plan horizontal x_1y_1, qui rend la droite parallèle au plan horizontal.

VII. — ANGLE DE DEUX PLANS.

263. — Définition. — *L'angle de deux plans est mesuré par l'angle de deux perpendiculaires à ces deux plans menées par un même point de l'espace.*

On peut encore couper les deux plans par un troisième perpendiculaire à leur intersection et chercher l'angle des deux droites ainsi obtenues.

Enfin en amenant l'intersection des deux plans à être verticale, à l'aide de deux changements de plans, deux rotations ou un rabattement, l'angle demandé est mesuré par l'angle des traces horizontales des deux plans.

264. — Problème. — *Soit,* par exemple, *à trouver l'angle des deux plans* $P\alpha P_1R\beta R_1$ (fig. 130, pl. **12**), *à l'aide d'un rabattement ayant pour but de rendre l'intersection verticale.*

Commençons par déterminer l'intersection des deux plans $hvh'v'$.

1re OPÉRATION. — Changement de plan vertical en prenant

comme ligne de terre une parallèle à hv. Ce changement de plan a pour but de rendre $hvh'v'$ parallèle au plan vertical.

2° OPÉRATION. — Rotation autour d'un axe perpendiculaire au plan vertical dans le système x_1y_1 permettant de rendre $hvh'_1v'_1$ verticale.

Pour simplifier cette construction, choisissons l'axe de manière à mettre en évidence les points fixes. Par exemple, choisissons l'axe dans le plan horizontal et rencontrant les traces horizontales des deux plans dans les limites de l'épure.

Nous avons pris ici comme axe la perpendiculaire au plan vertical o'_1 qui rencontre les deux plans aux deux points fixes $\mu\mu'_1\nu\nu'_1$.

Après cette rotation, la droite $hvh'_1v'_1$ est devenue la verticale $h_2v_2h'_2v'_2$. Les deux plans donnés sont donc maintenant verticaux et déterminés, le premier par $\mu\mu'_1$, $h_2v_2h'_2v'_2$, le deuxième par $\nu\nu'_1$, $h_2v_2h'_2v'_2$. Ils ont donc pour traces horizontales $h_2\mu h_2\nu$, et par suite $\mu h_2\nu$ mesure l'angle des deux plans.

265. — Cas particulier. — *Angles d'un plan avec les deux plans de projection.*

L'angle avec le plan horizontal (fig. **131**, pl. **12**) s'obtient par un changement de plan vertical x_1y_1, ayant pour but de rendre le plan donné perpendiculaire au plan vertical. Cet angle est mesuré par l'angle de la nouvelle trace verticale avec la nouvelle ligne de terre. L'angle avec le plan vertical (fig. **132**, pl. **12**) a été obtenu après le changement de plan horizontal x_1y_1 qui rend le plan donné vertical. L'angle demandé est mesuré par l'angle de la nouvelle trace horizontale du plan avec la nouvelle ligne de terre.

VIII. — SECTIONS PLANES DES POLYÈDRES.

266. — Nous avons déjà dit, en nous occupant des sections planes des polyèdres, qu'on pouvait résoudre cette question en amenant le plan sécant à être perpendiculaire à l'un des plans de projection. Il suffit pour cela d'un changement de plan ou d'une rotation.

Proposons-nous d'appliquer cette méthode avec un changement de plan.

267. — Problème. — *Soit*, par exemple (fig. **133**, pl. **12**), *un solide composé du tétraèdre* dabcd'a'b'c' *et de trois prismes* *construits sur les trois faces latérales et dont les arêtes sont respectivement parallèles à celles du tétraèdre.*

Cherchons la section de ce solide par le plan $P\pi P_1$.

On a effectué le changement du plan vertical L_1T_1 ayant pour but de rendre le plan sécant perpendiculaire au plan vertical.

L'intersection se projette verticalement dans le système L_1T_1 suivant la trace verticale actuelle du plan $\pi'_1\rho'_1{}'_1$.

La face $ab\beta\alpha$ est coupée suivant $mnm'_1n'_1$. En marchant dans le sens mn, nous reconnaissons qu'il faut passer dans la face $\alpha\gamma da$ qui nous donne no, et ainsi de suite jusqu'au point de départ.

On trouve ainsi le polygone *mnopqrstuvxm*.

Puis on a projeté successivement tous ces sommets verticalement dans le système xy, en vérifiant autant que possible les cotes données dans le système L_1T_1.

On a représenté la partie du solide au-dessous du plan sécant.

Les arêtes du solide au-dessus du plan sécant sont enlevées, et on les reconnait facilement dans le système L_1T_1. Quant aux arêtes conservées, elles conservent aussi leur ponctuation, sauf pour les régions de ces arêtes qui redeviennent vues comme contour apparent.

Si, pour compléter la question que nous venons de traiter, on demandait la grandeur de la section, il faudrait faire une deuxième opération sur cette section, ayant pour but de rendre le plan sécant horizontal.

IX. — DÉTERMINER UNE FIGURE DANS UN PLAN DE PROFIL.

268. — Nous savons que tous les points d'un plan de profil se projettent horizontalement et verticalement sur les deux traces du plan, et qu'il est impossible de déterminer une figure de ce plan connaissant seulement une projection de cette figure.

On obviera à cet inconvénient, en prenant le plan de profil comme plan de projection.

269. — **Exemple.** — *Trouver la distance d'un point* mm' (fig. 134, pl. 12), *à un plan parallèle à la ligne de terre et déterminé par ses traces* RR_1.

Il suffit pour cela d'effectuer le changement de plan vertical x_1y_1 et de continuer les opérations à la manière ordinaire. La distance cherchée est mesurée par $m'_1p'_1$; d'un autre côté, *mpm'p'* est la perpendiculaire demandée, *pp'* étant le pied de la perpendiculaire.

Citons encore, comme application des méthodes précédentes, la mesure des éléments d'un polyèdre, soit la grandeur des faces, des arêtes et des dièdres du polyèdre. La connaissance de ces différents éléments permet de construire matériellement le polyèdre.

A ce propos, nous engageons beaucoup les commençants, après avoir fait l'épure de l'intersection de deux polyèdres, à construire en papier une combinaison des surfaces des deux polyèdres, ce qui leur permettra de vérifier la ponctuation sur l'objet lui-même.

CHAPITRE V

I. — PORTER SUR UNE DROITE UNE LONGUEUR DONNÉE.

270. — Nous commencerons par rendre la droite AA′ (fig. 135, pl. 12) parallèle à l'un des plans de projection, puis dans cette position nous porterons la longueur donnée, et nous effectuerons enfin sur le point ainsi obtenu une opération inverse de la première.

Nous avons employé ici une rotation autour de la verticale du point origine *oo′*. Cette rotation donne la droite $A_1A'_1$. Portons ensuite la longueur $o'm'_1$ égale à la longueur donnée et dans le sens donné, puis faisons tourner le point $m_1m'_1$ en sens contraire de la rotation précédente, ce qui donne le point *mm′*.

271. — Application. — *Mener un plan parallèle à un plan donné à une distance donnée du premier.*

Soit, par exemple le plan $P\alpha P_1$ (fig. 136, pl. 12). Effectuons le changement de plan vertical x_1y_1 qui rend le plan $P\alpha P_1$ perpendiculaire au plan vertical. Dans le système actuel, le plan inconnu a sa trace verticale parallèle à la trace verticale du plan donné, et à une distance égale à la distance donnée. Soit c'_1 cette trace verticale; on en déduit la trace horizontale $R\beta$ du plan inconnu parallèle à $P\alpha$, et par suite la trace verticale $R_1\beta$ du même plan inconnu parallèle à $P_1\alpha$ dans le système primitif.

Ce problème présente comme le précédent deux solutions.

II. — MENER DANS UN PLAN, PAR UN POINT DU PLAN, UNE DROITE FAISANT UN ANGLE DONNÉ AVEC UNE DROITE DU PLAN.

272. — Soit *oo′* (fig. 137, pl. 12) le point donné et *oao′a′* la droite du plan. Rendons le plan horizontal, puis traçons la droite inconnue, et faisons-lui subir des opérations inverses des précédentes.

Le plan donné étant $P\alpha P_1$, on l'a rabattu sur le plan horizontal. La droite oa prend la position o_2a. Le rabattement de la droite cherchée est alors o_2b que nous avons relevée à l'aide de son point de rencontre avec la charnière suivant $obo'b'$.

III. — MENER PAR UNE DROITE D'UN PLAN, UN PLAN FAISANT AVEC LE PREMIER UN ANGLE DONNÉ.

273. — Soit $P\alpha P_1$ (fig. 138, pl. 12) le premier plan donné, $aba'b'$ la droite de ce plan.

Effectuons d'abord un rabattement ayant pour but de rendre $aba'b'$ verticale. Soit a_2 la projection horizontale de la droite après le rabattement, μa_2 est alors la nouvelle trace horizontale du premier plan. La trace horizontale nouvelle du deuxième plan passera par le point a_2 et fera avec $a_2\mu$ l'angle donné ; soit par exemple νa_2.

Le plan inconnu est alors déterminé par $aba'b'$ et le point ν du plan horizontal ; on en déduit sa trace horizontale $a\nu_1\beta$, et par suite sa trace verticale $\beta b'$.

IV. — MENER PAR UN POINT, UNE DROITE FAISANT AVEC LES DEUX PLANS DE PROJECTION DES ANGLES DONNÉS.

274. — Supposons le problème résolu, et soit $oao'a'$ la droite demandée (fig. 139, pl. 12). En faisant tourner cette droite autour de la verticale o, de manière à la rendre parallèle au plan vertical, $o'a'_1\omega'$ sera l'angle α de la droite avec le plan horizontal.

Si maintenant nous faisons tourner la droite autour de la perpendiculaire au plan vertical o', de manière à la rendre parallèle au plan horizontal, a_2oa_1 sera l'angle β de la droite avec le plan vertical. Mais en même temps nous avons oa_2 égale à $o'a'_1$ comme représentant la distance des deux points oo', aa' ; cette remarque va nous permettre de reconstruire la figure.

Menons d'abord (fig. 140, pl. 12) $o'a'_1$ faisant avec la ligne de terre l'angle α, puis traçons oa_2 égale à $o'a'_1$ et faisant avec la ligne de terre l'angle β. La trace horizontale a de la droite est alors le point de rencontre de la parallèle à la ligne de terre menée par a_2 avec la circonférence décrite de o comme centre, et ayant pour rayon oa_1.

Ce problème présente en tout quatre solutions, la droite a_2a en donne déjà deux, les deux autres proviennent des points symétriques de a_2 par rapport au point o; $oao'a'$, $obo'b'$, $oco'c'$, $odo'd'$ sont ces quatre solutions.

Pour que le problème soit possible, il faut et il suffit que la parallèle à la ligne de terre a_2 rencontre la circonférence décrite par le point a_1; on doit donc avoir $a_2\mu < oa_1$.

Or on a $a_2\mu = oa_2 \sin\beta$ et $oa_1 = a'_1\omega = o'a'_1 \cos\alpha = oa_2 \cos\alpha$. Il faut donc que l'on ait $\sin\beta < \cos\alpha$ ou $\sin\beta < \sin\left(\frac{\pi}{2} - \alpha\right)$, ce qui donne $\beta < \frac{\pi}{2} - \alpha$, puisque les angles dont nous nous occupons sont aigus. En résumé, la somme des angles $\alpha + \beta$ doit être plus petite qu'un angle droit.

Dans le cas particulier où les deux angles α, β sont complémentaires, la droite a_2a est tangente à la circonférence o, et le problème ne présente plus que deux solutions dans le plan de profil o.

On peut encore trouver la condition $\alpha + \beta < \frac{\pi}{2}$ par le raisonnement suivant. L'angle de la droite cherchée avec une verticale est $\frac{\pi}{2} - \alpha$, or l'angle β de la droite inconnue avec le plan vertical doit être plus petit que l'angle de cette droite inconnue avec une droite quelconque du plan vertical, et en particulier avec une verticale. On doit donc avoir $\beta < \frac{\pi}{2} - \alpha$ ou $\alpha + \beta < \frac{\pi}{2}$.

Lorsqu'on a $\alpha + \beta = \frac{\pi}{2}$, c'est-à-dire $\beta = \frac{\pi}{2} - \alpha$, c'est que la projection verticale de la droite inconnue est verticale, donc alors la droite est dans un plan de profil.

V. — MENER PAR UN POINT, UN PLAN FAISANT AVEC LES DEUX PLANS DE PROJECTION DES ANGLES DONNÉS.

275. — Une perpendiculaire au plan ferait avec les deux plans de projection des angles complémentaires des angles donnés α, β ; nous pouvons donc construire cette droite, et il ne reste plus qu'à lui mener un plan perpendiculaire par le point oo'.

Pour que le problème soit possible, il faut avoir

$$\left(\frac{\pi}{2}-\alpha\right)+\left(\frac{\pi}{2}-\beta\right)<\frac{\pi}{2},$$

c'est-à-dire

$$\alpha+\beta>\frac{\pi}{2}.$$

Dans le cas particulier où $\alpha+\beta=\frac{\pi}{2}$, la perpendiculaire au plan est dans un plan de profil, donc le plan est alors parallèle à la ligne de terre.

VI. — MENER PAR UN POINT, DANS UN PLAN, UNE DROITE FAISANT AVEC UN PLAN DONNÉ UN ANGLE DONNÉ.

276. — Examinons d'abord le cas particulier où le deuxième plan R est l'un des plans de projection, le plan horizontal par exemple. Supposons d'ailleurs le premier plan donné déterminé par sa trace horizontale $P\alpha$ et le point oo' par lequel doit passer la droite (fig. 141, pl. 12).

Faisons tourner la droite inconnue autour de la verticale o, de manière à la rendre parallèle au plan vertical, elle prendra la position $oa_1o'a'_1$, l'angle $o'a'_1\omega$ étant égal à l'angle donné.

En tournant en sens contraire de la rotation précédente, le point a_1 doit venir se placer sur la trace horizontale du plan, en aa' par exemple, donc $oao'a'$ est la droite demandée.

Ce problème présente deux solutions. Pour que le problème soit possible, il faut que l'angle donné soit plus petit que l'angle du plan P avec le plan horizontal $o'c'_1\omega$. La ligne $oco'c'$ est donc la droite du plan P faisant avec le plan horizontal le plus grand angle aigu.

C'est pour cette raison qu'on appelle *oco'c' la ligne de plus grande pente du plan*. Nous reconnaissons en même temps que la ligne de plus grande pente du plan est perpendiculaire sur les horizontales du plan, elle définit donc le plan.

Passons maintenant au cas général où le deuxième plan R est quelconque ; on ramènera ce cas au précédent, en prenant le plan R comme plan horizontal de projection.

277. — Remarque. — Au lieu de se donner l'angle de la droite avec le plan R, on pouvait se donner l'angle de la droite inconnue avec une droite quelconque AA'. Il faudrait alors rendre cette droite AA' verticale.

VII. — MENER PAR UNE DROITE, UN PLAN FAISANT UN ANGLE DONNÉ AVEC UN PLAN DONNÉ.

278. — Examinons, comme précédemment, le cas particulier où le plan donné est l'un des plans de projection, par exemple le plan horizontal (fig. 142, pl. 13).

Faisons tourner le plan autour d'une verticale *o* rencontrant la droite donnée, de manière à le rendre perpendiculaire au plan vertical, il prendra la position $Q\beta Q_1$, $o'\beta\omega$ étant l'angle donné.

Si maintenant nous faisons tourner le plan en sens contraire de la rotation précédente, la trace horizontale reste tangente à la circonférence décrite de *o* comme centre, avec *oc* pour rayon. Nous aurons donc la trace horizontale P du plan inconnu, en menant par *a* une tangente à cette circonférence. Le plan inconnu est alors déterminé par sa trace horizontale P et par *ouo'a'*.

Le problème présente deux solutions, et pour qu'il soit possible, il faut que l'angle donné soit plus grand que l'angle de la droite avec le plan horizontal.

Lorsque le plan donné sera quelconque, on ramènera le problème au précédent, en rendant ce plan horizontal.

279. — Remarque. — Au lieu de se donner l'angle du plan inconnu avec un plan, on peut se donner l'angle du plan avec une droite, il faut alors rendre cette droite verticale.

VIII. — EXERCICES.

1. — Trouver la distance d'un point à une horizontale, une ligne de front, une parallèle à la ligne de terre, une parallèle au deuxième plan bissecteur.

2. — Trouver la perpendiculaire commune et la plus courte distance entre une droite quelconque et une horizontale ou une ligne de front.

3. — Mener par un point mm' une droite faisant avec le plan horizontal un angle donné, connaissant la projection horizontale de la droite.

4. — Trouver les plans bissecteurs d'un angle.

5. — Trouver le lieu des points à des distances égales de deux droites qui se coupent.

6. — Angle de deux droites, l'une d'elles étant parallèle à l'un des plans de projection.

7. — Angle d'une droite avec la ligne de terre.

8. — Construire les plans bissecteurs d'un dièdre.

9. — Mener par un point dans un plan n rayons faisant entre eux des angles égaux à $\frac{2\pi}{n}$.

10. — Angle d'un plan avec un plan perpendiculaire sur l'un des plans de projection.

11. — Intersection de deux plans déterminés chacun par sa ligne de plus grande pente. Angle de ces deux plans.

12. — Intersection d'une droite et d'un plan déterminé par sa ligne de plus grande pente.

13. — Construire une pyramide régulière ou un prisme régulier, connaissant le plan de base, le centre de la base, un sommet de la base et la hauteur.

14. — Section droite d'un prisme oblique.

15. — Développer sur un plan la surface latérale d'un prisme ou d'une pyramide.

16. — Plus court chemin d'un point à un autre sur la surface d'un polyèdre, en passant sur des arêtes déterminées à l'avance, ou forme d'un fil tendu entre deux points sur la surface d'un polyèdre.

17. — Même problème le polyèdre étant un prisme ou une pyramide, le fil pouvant tourner une, deux, trois fois, etc. autour de la pyramide.

18. — Mener par une arête d'un polyèdre, un plan faisant avec une face ou une autre arête du polyèdre un angle donné. Trouver la section faite par ce plan.

19. — Construire un trièdre trirectangle, connaissant les traces des trois arêtes sur un même plan. Conditions de possibilité.

20. — Construire un cube, connaissant trois points appartenant à trois arêtes qui aboutissent à un même sommet. On connait de plus la longueur de l'arête du cube.

21. — Mener par un point de l'espace une droite ou un plan faisant avec deux plans rectangulaires des angles donnés.

22. — Amener un tétraèdre ayant un sommet aa' dans le plan horizontal, à être dans une position d'équilibre par des rotations autour d'un axe, ou de deux axes convenablement choisis et passant par le point aa'.

23. — Faire tourner une figure d'un angle donné et dans un sens donné autour d'un axe placé d'une manière arbitraire dans l'espace.

24. — Faire tourner un tétraèdre autour d'une arête, de manière à l'amener dans une position d'équilibre.

25. — Reprendre les problèmes **22** et **24** pour un parallélipipède.

26. — Mener par un point mm' une droite BB' faisant avec une droite donnée AA' un angle donné, la plus courte distance entre les deux droites AA', BB' ayant une grandeur donnée.

LIVRE VI

RÉSOLUTION DES TRIÈDRES

280. — Les éléments d'un trièdre sont au nombre de six, les trois faces *abc* et les trois dièdres ABC. Trois de ces éléments suffisent pour déterminer le trièdre ; nous aurons donc à examiner les six cas suivants dans lesquels on connait :

1° Les trois faces FFF.
2° Deux faces et le dièdre compris FDF.
3° Deux faces et le dièdre opposé à l'une d'elles FFD.
4° Une face et les deux dièdres adjacents DFD.
5° Une face, un dièdre adjacent et le dièdre opposé DDF.
6° Les trois dièdres DDD.

La résolution de ces six cas peut se ramener à celle de trois d'entre eux, en employant le trièdre supplémentaire.

En effet, soit à construire un trièdre connaissant deux faces a, b et le dièdre compris C. Les suppléments de ces angles $\pi - a$, $\pi - b$, $\pi - C$ seront deux dièdres et la face adjacente du trièdre supplémentaire. Donc, si l'on sait résoudre le quatrième cas, on pourra construire le trièdre supplémentaire, puis en cherchant les suppléments de ses nouveaux éléments, on aura les éléments inconnus du trièdre primitif.

En résumé, on peut résoudre arbitrairement le premier cas et le sixième, puis le deuxième et le quatrième, et enfin le troisième ou le cinquième.

Nous traiterons en particulier les trois premiers cas, en nous réservant d'étudier les trois autres plus tard.

I. — DÉTERMINATION DES ÉLÉMENTS D'UN TRIÈDRE, CONNAISSANT LES PROJECTIONS COTÉES DES ARÊTES SUR LE PLAN D'UNE FACE.

281. — Prenons comme plan horizontal, le plan de la face connue ASB (fig. 143, pl. 13). Soit de plus Sc la projection horizontale de la troisième arête, et donnons-nous en même temps la cote du point c de cette troisième arête.

Les éléments inconnus du trièdre sont les deux faces ASC, BSC et les trois trièdres.

Pour trouver le dièdre A, choisissons comme plan vertical de projection le plan vertical xy perpendiculaire sur l'arête A. Dans le système xy, le point c se projette verticalement en c' à une distance au-dessus de la ligne de terre égale à la cote connue, et il résulte de là que $c'\alpha c$ mesure le dièdre A.

Nous pouvons nous servir de cette opération pour en déduire la face ASC; en effet, il suffit de faire tourner ce plan autour de sa trace horizontale, de manière à le faire coïncider avec le plan horizontal. Cette rotation amène le point cc' dans le plan horizontal en C, donc ASC mesure la face b.

Deux opérations analogues aux précédentes nous donneront, suivant $c'_1\beta c$ le dièdre B, et suivant BSC$_1$ la face a. Comme vérification, les deux longueurs SC, SC$_1$ sont égales, puisqu'elles représentent toutes deux la distance du point S au point c de l'espace.

Il ne reste plus maintenant qu'à trouver le dièdre C.

1re CONSTRUCTION. — Choisissons comme ligne de terre Sc, puis effectuons une rotation autour de la perpendiculaire au plan vertical o'_2, de manière à rendre ScS$'_2c'_2$ verticale. Les traces horizontales actuelles des deux plans ASC, BSC sont C$_2$A, C$_2$B; donc AC$_2$B mesure le dièdre C.

Comme nouvelle vérification, S$'_2c'_2$ est égale à SC.

2e CONSTRUCTION. — Coupons les deux plans ASC, BSC par un troisième perpendiculaire à leur intersection et mené par le point c de l'espace. Ce nouveau plan coupera les deux premiers, suivant deux perpendiculaires à l'arête Sc menées par le point c de l'espace. D'ailleurs ces deux droites se rabattent successivement sur le plan horizontal autour de AS et BS, suivant des perpendiculaires à SC, SC$_1$ menées par C et C$_1$. Soit CA, C$_1$B ces deux droites.

Le plan auxiliaire coupe donc le trièdre suivant un triangle dont nous connaissons les trois côtés AB, CA, C_1B. On a construit ce triangle en AC_2B, donc AC_2B est l'angle dièdre cherché.

Comme vérification, les points A_1,B trouvés par cette deuxième construction coïncident avec les points A,B donnés par la première.

En n'employant que la deuxième construction, AB doit être perpendiculaire sur S*c*, et enfin le point C_2 doit se trouver sur S*c*.

II. — 1er CAS DES TRIÈDRES.

282. — Problème. — *Construire un trièdre connaissant les trois faces* (fig. 144, pl. 13).

Prenons comme plan horizontal de projection le plan de l'une des faces, par exemple le plan de la plus grande face ASB. Représentons ensuite les rabattements des deux autres faces sur le plan horizontal, successivement autour de AS et BS. Soit ASC, BSC_1.

Si nous prenons les deux longueurs SC, SC_1 égales entre elles, nous pourrons alors considérer les deux points C,C_1 comme les deux rabattements autour de SA et SB, d'un même point de l'arête S*c*. Or en relevant la face ASC autour de AS, le point C décrit en projection horizontale la droite Cα perpendiculaire sur AS, de même en relevant le point C_1 autour de SB, il décrit en projection horizontale la droite $C_1\beta$ perpendiculaire sur SB. Nous avons donc finalement en *c* la projection horizontale d'un point de la troisième arête.

Donc S*c* est la projection horizontale de la troisième arête.

Il reste à déterminer la cote du point *c*, dont nous connaissons la projection horizontale *c*, et le rabattement C autour de AS.

La cote inconnue est le côté cc' du triangle rectangle $c'\alpha c$, dans lequel nous connaissons le deuxième côté $c\alpha$ et l'hypoténuse $c'\alpha = C\alpha$.

Nous pouvons considérer maintenant le problème comme résolu, puisque avec les éléments que nous venons de trouver, nous avons déterminé dans le problème précédent tous les éléments inconnus.

Pour que le problème soit possible, il faut que le point *c* se trouve à l'intérieur de la circonférence décrite du point S comme centre, avec SC pour rayon ; il faut donc que l'on ait $c < a + b$, c'est-à-dire la plus grande face plus petite que la somme des deux autres.

Si nous supposons de plus les trois angles donnés obtus, l'angle c étant toujours le plus grand, la condition précédente devient, en remplaçant les angles actuels par les angles adjacents, pour retrouver des angles aigus comme dans l'exemple primitif

$$(\pi - a) + (\pi - b) > c \quad \text{ou} \quad a + b + c < 2\pi.$$

Les conditions de possibilité du trièdre sont donc en résumé :

1° *La plus grande face plus petite que la somme des deux autres ;*

2° *La somme des trois faces plus petite que quatre droits.*

Ces conditions étant remplies, le problème de la construction du trièdre présente deux solutions, car on peut prendre le point c que nous avons trouvé au-dessus ou au-dessous du plan SAB.

Si l'on demandait simplement de construire la droite Sc faisant avec les deux droites Sa, Sb les angles a, b, sans tenir compte des directions Sa, Sb ; le problème pourrait alors présenter quatre solutions.

Remplaçons en effet l'angle c par son supplément, et appliquons à cet angle la condition trouvée précédemment. Nous trouvons alors comme condition de possibilité :

$$\pi - c < a + b \quad \text{ou} \quad a + b + c > \pi.$$

Nous pouvons donc résumer cette discussion dans le tableau suivant :

$$\left.\begin{array}{l} a + b + c < 2\pi \\ a + b + c > \pi \\ c < a + b \end{array}\right\} \text{quatre solutions.}$$

$$\left.\begin{array}{l} a + b + c < \pi \\ c < a + b \end{array}\right\} \text{deux solutions.}$$

III. — 2e CAS DES TRIÈDRES.

283. — Problème. — *Construire un trièdre, connaissant deux faces et le dièdre compris.*

Prenons comme plan de projection le plan de l'une des faces

connues ASB (fig. 145, pl. 13), et comme plan vertical, un plan perpendiculaire sur l'arête SA du dièdre connu.

Dans ce système, le plan ASC a pour trace verticale $P_1\alpha$ qui fait avec la ligne de terre l'angle A. D'ailleurs, connaissant la face *b*, nous pouvons représenter son rabattement ASC sur le plan horizontal autour de AS.

Il reste alors à relever l'arête SC dans le plan $P_1\alpha S$, ce qui amène le point C en cc'. Donc Sc est la projection de la troisième arête, et cc' la cote du point c ; le problème est ainsi résolu, puisqu'il est ramené au problème primitif.

Ce problème présente deux solutions, celle qui est indiquée dans l'épure, et le trièdre symétrique par rapport au plan horizontal.

IV. — 3e CAS DES TRIÈDRES.

284. — Problème. — *Construire un trièdre, connaissant deux faces et le dièdre opposé à l'une d'elles* (fig. 146, pl. 13).

Prenons comme plan horizontal le plan de la face connue adjacente au dièdre donné. Soit ASB cette face, B étant le dièdre donné.

Dans le système x_1y_1, le plan BSC aura pour trace verticale $p'\beta$ qui fait avec x_1y_1 l'angle donné B. D'ailleurs, la face *b* étant connue, nous pouvons la représenter par son rabattement ASC sur le plan horizontal autour de AS.

Il reste donc à relever l'arête SC autour de AS, de manière à l'amener dans le plan BSC. Il nous suffit pour cela d'effectuer ce relèvement pour un point quelconque C de SC. Or dans le système xy, le point C décrit dans le plan vertical une circonférence ayant pour centre α et pour rayon αC ; nous reconnaîtrons qu'il a été amené dans le plan BSC, lorsqu'il sera sur la trace verticale de ce plan dans le système xy. Soit $\gamma p'$ cette nouvelle trace verticale.

Le point C est donc relevé en cc', et par suite Sc est la projection horizontale de la troisième arête, en même temps cc' est la cote du point c.

Le problème est donc résolu, puisqu'on est ramené encore une fois au problème primitif.

Pour que le problème soit possible, il faut que la trace verticale $p'\gamma$ du plan b_1SC coupe la circonférence décrite par le point

C, ou bien que la distance du point α au plan bSC soit plus petite que la distance du même point α à l'arête SC.

$$\alpha'_1\omega'_1 < \alpha\pi.$$

Cherchons les valeurs de ces deux quantités en fonction des données.

Le triangle rectangle $\alpha S\beta_1$ donne

$$\alpha\beta_1 = S\alpha \sin c = \alpha'_1\beta.$$

Or, dans le triangle rectangle $\alpha'_1\beta\omega'_1$, on a

$$\alpha'_1\omega'_1 = \alpha'_1\beta \sin B,$$

donc

$$\alpha'_1\omega'_1 = S\alpha \sin c \sin B.$$

D'un autre côté, on a dans le triangle $S\alpha\pi$

$$\alpha\pi = S\alpha \sin b.$$

La condition de possibilité est donc

$$\sin b > \sin c \sin B.$$

Cette condition n'est pas suffisante pour la construction du trièdre demandé, car il faut en outre que le point c' soit au-dessus du plan horizontal.

Or si l'on a $\alpha C > \alpha\gamma$, c'est-à-dire $\sin b > \sin c$, l'une des solutions ne convient pas parce que le trièdre formé n'a plus le dièdre B mais son supplément.

Nous avons ici supposé l'angle B aigu.

Si enfin l'angle B est obtus, une seule des solutions convient lorsque $\alpha C > \gamma\alpha$, autrement le problème ne présente pas de solution.

En résumé :

Avec $$B < \frac{\pi}{2}$$

et $$\sin c > \sin b > \sin c \sin B,$$

on a deux solutions.

Avec $$B < \frac{\pi}{2}$$

et $$\sin c < \sin b > \sin c \sin B,$$

on a une solution.

Avec $$B > \frac{\pi}{2}$$

et $$\sin c > \sin b > \sin c \sin B,$$

on n'a aucune solution.

Enfin, avec $$B > \frac{\pi}{2}$$

et $$\sin c < \sin b,$$

on a une seule solution réelle, car la deuxième condition $\sin b > \sin c \sin B$ est assurément remplie.

V. — EXERCICES.

1. — Mener par le point de rencontre de deux droites $oao'a'$, $obo'b'$ une troisième droite faisant avec les deux premières des angles donnés.

2. — Mener par un point un plan faisant avec deux plans donnés des angles donnés.

3. — Mener par un point une droite ou un plan faisant avec deux deux droites, ou avec deux plans, ou enfin avec une droite et avec un plan des angles donnés.

4. — Construire une droite s'appuyant sur deux droites données et faisant avec ces droites des angles donnés.

5. — Trouver la grandeur de la projection horizontale d'un angle, connaissant l'angle de l'espace et les angles des deux côtés avec la verticale (réduction de l'angle à l'horizon).

LIVRE VII

CONSTRUCTIONS DES POLYÈDRES RÉGULIERS

Les polyèdres réguliers convexes sont au nombre de cinq :
1° *Le tétraèdre ;*
2° *L'hexaèdre ou cube ;*
3° *L'octaèdre ;*
4° *Le dodécaèdre ;*
5° *L'icosaèdre.*

I. — TÉTRAÈDRE.

Les quatre faces d'un tétraèdre régulier sont des triangles équilatéraux égaux.

285. — Problème. — Proposons-nous, en partant de cette définition, *de construire un tétraèdre régulier, en choisissant comme plan de projection le plan d'une face.*

Soit abc, $a'b'c'$ (fig. 147, pl. 13) la face connue dans le plan horizontal. En appelant ss' le quatrième sommet inconnu, la face $sabs'a'b'$ se rabat sur le plan horizontal autour de $aba'b'$ suivant abc. Donc, en projection horizontale, le sommet s se trouve sur la perpendiculaire abaissée du point a sur bc. Autrement dit, après avoir répété le même raisonnement pour les autres faces, le point s est le centre du triangle abc.

Il reste à déterminer la cote du point s. Pour cela, choisissons comme plan vertical de projection, le plan vertical as. Dans ce système, en relevant le plan Sbc autour de bc, le point a'_1 décrit en projection verticale une circonférence ayant pour centre b'_1, et vient se placer en s'_1 sur la ligne de rappel du point s.

La cote demandée est donc ss'_1.

On peut encore remarquer, pour déterminer s'_1, que dans le système x_1y_1, l'arête as est parallèle au plan vertical, et par suite on doit avoir $a'a_1s'_1 = ac$.

REMARQUE I. — Les arêtes as, bc sont rectangulaires en projection horizontale, et de plus l'arête bc est elle-même horizontale. Donc deux arêtes opposées d'un tétraèdre régulier sont rectangulaires.

REMARQUE II. — Déterminons dans le système x_1y_1 la perpendiculaire commune aux deux arêtes opposées $asa'_1s'_1$, $bcb'_1c'_1$; ce sera la droite $\alpha\beta\alpha'_1\beta'_1$. Donc les pieds de la perpendiculaire commune à deux arêtes opposées sont les milieux de ces arêtes.

REMARQUE III. — La perpendiculaire commune à deux arêtes opposées passe par le centre oo'_1 du tétraèdre, et elle est partagée par ce centre en deux parties égales. En effet, dans le triangle $a'_1b'_1s'_1$, le point o'_1 est le point de rencontre des trois hauteurs et de plus $o\alpha = \frac{oa}{2}$.

Ces remarques vont nous permettre de trouver directement un tétraèdre régulier, en prenant comme plan de projection, un plan parallèle à deux arêtes opposées.

Soit AA', BB' (fig. 148, pl. 13) deux arêtes opposées d'un tétraèdre régulier, nous supposons ces deux droites horizontales.

Dans cette hypothèse, les deux droites A et B doivent être rectangulaires.

Construisons la perpendiculaire commune à ces deux arêtes; c'est ici la verticale $\alpha\beta\alpha'\beta'$.

Les points $\alpha\alpha'$, $\beta\beta'$ devant être les milieux des arêtes AA', BB', il en résulte que la projection horizontale du tétraèdre est un carré $abcd$.

Considérons deux côtés opposés de ce carré, soit ab et cd; ces deux côtés étant parallèles entre eux, la plus courte distance entre les deux droites $aba'b'$, $cdc'd'$ sera mesurée par bc. D'ailleurs, cette plus courte distance est connue, puisqu'elle est égale à $\alpha'\beta'$; donc on doit avoir $ab = \alpha'\beta'$.

Il ne reste plus, après avoir construit le carré $abcd$, qu'à projeter les deux points a, c en a', c' sur A', et les deux points b, d en b', d' sur B'.

II. — CUBE.

286. — 1° PROJECTION D'UN CUBE SUR LE PLAN D'UNE FACE.

Soit *abcd*, *a'b'c'd'* (fig. 149, pl. 13) la face donnée dans le plan horizontal. Les quatre arêtes inconnues aboutissant aux sommets *abcd* sont verticales, et leur longueur est égale à *ab*.

On en déduit donc les quatre sommets inconnus $a_1a'_1$, $b_1b'_1$, $c_1c'_1$, $d_1d'_1$ dans un même plan horizontal dont la cote est *ab*.

287. — 2° PROJECTION D'UN CUBE SUR UN PLAN PERPENDICULAIRE A UNE DIAGONALE.

Conservons la disposition des lettres de l'exemple précédent, et supposons la diagonale $ac_1a'c'_1$ verticale.

Les arêtes *ad*, *ab*, aa_1 aboutissant au sommet *a* sont égales et également inclinées sur la diagonale ac_1 ; en effet, les trois triangles adc_1, abc_1, aa_1c_1 sont égaux comme ayant les trois côtés égaux chacun à chacun. Il résulte de là que les trois arêtes considérées se projettent horizontalement suivant trois rayons égaux (fig. 150, pl. 13).

Les trois arêtes c_1b_1, c_1d_1, c_1c sont égales et parallèles aux premières, mais dirigées en sens contraire ; donc elles se projettent horizontalement suivant trois rayons égaux et parallèles aux premiers, mais dirigés en sens contraire, de manière à former les trois diamètres dab_1, bad_1, a_1ac.

Enfin, les six arêtes qui restent sont encore parallèles et égales aux premières, donc elles se projettent suivant des droites égales et parallèles à *ad*, *ab*, aa_1, de telle sorte qu'en résumé la projection horizontale du cube se compose d'un hexagone régulier avec ses trois diamètres.

Passons maintenant à la projection verticale, en supposant la ligne de terre parallèle à bb_1.

Les deux diagonales *ac*, *bd* de la face *abcd* sont rectangulaires dans l'espace, et se projettent horizontalement suivant deux droites rectangulaires, donc la diagonale *bd* est horizontale. Mais la diagonale *ac* ayant été choisie de front, on a $a'c' = bd$.

Cette remarque permet de déterminer le point *c'* en se donnant arbitrairement le sommet *aa'*.

Les sommets *b*, *d* se projettent verticalement en *b'*, *d'* sur *a'c'* qui est la trace verticale du plan *abcda'b'c'd'*.

Enfin les arêtes aa_1, bb_1, cc_1, dd_1 sont perpendiculaires sur la face *abcd*, et par suite leurs projections verticales sont perpendiculaires sur *a'c'*.

III. — OCTAÈDRE.

Les huit faces d'un octaèdre régulier sont des triangles équilatéraux égaux. Chaque sommet appartient à quatre faces S*ab*, S*bc*, S*cd*, S*da* formant une pyramide régulière à base carrée.

Les quatre autres faces forment également une pyramide, symétrique de la première par rapport au plan diagonal *abcd*.

288. — 1° PROJECTION SUR UN PLAN DIAGONAL.

Soit *abcda'b'c'd'* (fig. 151, pl. 13) la section de l'octaèdre par un plan diagonal que nous supposons horizontal. Les deux autres sommets s, s_1 se projettent horizontalement au centre du carré *abcd* ; d'ailleurs, ils sont à une distance du centre *oo'* de l'octaèdre, égale à la demi-diagonale *oa*. Il suffit donc pour les obtenir en projection verticale, de prendre $o's' = o's'_1 = oa$.

289. — 2° PROJECTION SUR LE PLAN D'UNE FACE.

Soit *abca'b'c'* (fig. 152, pl. 13) une face de l'octaèdre, cette face étant dans un plan horizontal.

Le centre étant équidistant des sommets, il se projette horizontalement en *o* au centre du triangle *abc*.

Les trois autres sommets *def* sont symétriques des premiers par rapport au centre. Enfin le contour apparent horizontal de l'octaèdre est l'hexagone régulier *afbdce*.

Pour trouver la projection verticale, remarquons que la face *bcd* se rabat sur le plan horizontal autour de *bc* suivant *abc*. Nous connaissons donc du sommet *d*, sa projection horizontale *d*, et son rabattement *a*; ce qui nous permet d'en trouver la projection verticale *d'*.

Menons ensuite le plan horizontal *d'*, nous aurons ainsi le plan de la face *def*, et projetons verticalement les sommets *d*,*e*,*f* en *d'*,*e'*,*f'*.

IV. — DODÉCAÈDRE.

Les douze faces d'un dodécaèdre régulier sont des pentagones réguliers égaux, et chaque sommet du polyèdre appartient à trois faces.

290. — 1° Projection sur le plan d'une face.

Soit $abcdea'b'c'd'e'$ (fig. 153, pl. 14) la face connue dans le plan horizontal. Appelons $c\gamma$ la troisième arête aboutissant au sommet c. La face $dc\gamma$, etc. se rabat sur le plan horizontal autour de cd suivant $abcde$; donc le sommet γ se rabat en b, et par suite sa projection horizontale se trouve sur une perpendiculaire à cd menée par le point b.

De même la face $bc\gamma$, etc. se rabat sur le plan horizontal autour de bc suivant $abcde$; donc le sommet γ se rabat en d, et par suite sa projection horizontale se trouve sur une perpendiculaire à bc menée par le point d.

Les sommets analogues à γ, soit $\alpha\beta\delta\varepsilon$, se trouveront sur la circonférence décrite du point o comme centre avec $o\gamma$ pour rayon, et sur les rayons oa, ob, oc, oe.

Les dix sommets qu'il reste à trouver sont symétriques des premiers par rapport au centre o du dodécaèdre. Enfin, le contour apparent horizontal du solide est le décagone régulier $\alpha\delta_1\beta\varepsilon_1\gamma\alpha_1\delta\beta_1\varepsilon\gamma_1$.

Connaissant la projection horizontale de la face $dc\gamma\alpha_1\delta$ et son rabattement $abcde$, on en déduit les cotes des sommets γ, α_1, δ. Les autres sommets $\alpha\beta\varepsilon$, $\beta_1\gamma_1\beta_1\varepsilon_1$ sont dans l'un ou l'autre des deux plans horizontaux $\gamma'\alpha'_1$.

Le centre du dodécaèdre est équidistant des plans horizontaux $\alpha'\alpha'_1$. Enfin, la face supérieure $a_1b_1c_1d_1e_1$ est symétrique de la face inférieure par rapport au centre oo'.

291. — 2° Projection sur un plan perpendiculaire a une diagonale.

Conservons la même disposition de lettres que dans l'exemple précédent, et soit aa_1 (fig. 154, pl. 14) la diagonale verticale.

Les trois arêtes ab, ae, $a\alpha$ aboutissant au sommet inférieur a se projettent horizontalement suivant trois rayons égaux et également inclinés les uns sur les autres.

La diagonale be du pentagone $abcde$ étant connue en grandeur, puisqu'elle est horizontale, nous pouvons construire le rabattement de la face $abcde$ sur le plan horizontal b', autour de cette diagonale $beb'e'$. Soit AbCDe ce rabattement.

Nous connaissons alors du sommet a, sa projection et son rabattement, ce qui permet d'en déduire sa projection verticale a'. En même temps, nous relevons les sommets C, D en cc', dd' dans le plan $abcdea'b'c'd'e'$:

Les sommets $\beta\delta_1\gamma_1\varepsilon$ sont alors sur la circonférence décrite du point o comme centre avec oc comme rayon, et à des distances $b\beta = \alpha\delta_1 = \alpha\gamma_1 = e\varepsilon = cd = be$. Ces sommets sont en même temps dans le plan horizontal c'.

Les dix sommets qu'il reste à déterminer sont symétriques des premiers par rapport au centre, ce centre étant d'ailleurs l'intersection oo' de la verticale a avec le plan perpendiculaire au milieu de l'arête $a\alpha a'\alpha'$.

On a enfin à dessiner les arêtes $c\gamma$, $\varepsilon_1\beta$, $\delta_1 d_1$, $c_1\gamma_1$, $\varepsilon\beta_1$, δd, qui complètent le contour apparent horizontal.

V. — ICOSAÈDRE.

Les vingt faces d'un icosaèdre régulier sont des triangles équilatéraux égaux. Chaque sommet du polyèdre est commun à cinq faces formant une pyramide pentagonale régulière.

292. — 1° PROJECTION SUR UN PLAN PERPENDICULAIRE A UNE DIAGONALE.

Les cinq arêtes aboutissant au sommet inférieur f se projettent horizontalement suivant cinq rayons égaux et également inclinés les uns sur les autres, fa, fb, fc, fd, fe.

Il existe en outre six sommets qui sont symétriques des premiers par rapport au centre de l'icosaèdre, f_1, a_1, b_1, c_1, d_1, e_1.

Enfin le contour apparent horizontal est le décagone régulier $ad_1be_1ca_1db_1ec_1$ (fig. 155, pl. 14).

Pour trouver la projection verticale de l'icosaèdre, donnons-nous arbitrairement le plan horizontal $abcdea'b'c'd'e'$, et considérons ensuite le pentagone $cdb_1f_1e_1$ correspondant à la pyramide de sommet $a_1a'_1$.

Ce pentagone se rabat sur le plan horizontal $a'b'c'd'e'$ autour de cd suivant le pentagone $abcde$. Nous connaissons donc des sommets f_1, e_1, b_1, leurs projections horizontales et leurs rabattements, ce qui permet de trouver leurs projections verticales f'_1, e'_1, b'_1.

Les sommets a_1, c_1, d_1 sont dans le plan horizontal b'_1; enfin, nous obtenons le sommet f', en prenant le symétrique de f'_1 par rapport au centre oo' de l'icosaèdre.

293. — 2° PROJECTION SUR LE PLAN D'UNE FACE.

Soit $cdfc'd'f'$ (fig. 156, pl. 14) l'une des faces connues dans le plan horizontal.

L'arête inconnue de appartient à un pentagone ayant cd pour côté, et dont nous pouvons construire le rabattement ABcdE sur le plan horizontal. Le sommet e se trouve donc sur la perpendiculaire abaissée du point E sur cd. De même, l'arête de appartient au triangle def qui se rabat sur le plan horizontal suivant dcf. Le point e se trouve donc sur la perpendiculaire abaissée du point c sur df.

Les sommets b et a_1 seront alors sur la circonférence décrite de o comme centre avec oe pour rayon, et respectivement sur les rayons fo, do.

Les six sommets c_1,d_1,f_1,e_1,b_1,a sont symétriques des premiers par rapport au centre. Enfin le contour apparent horizontal est l'hexagone régulier $abe_1a_1b_1e$. Il ne faut pas oublier avec cela les arêtes db_1, c_1e, fa, d_1b, ce_1, f_1a_1.

Pour trouver la projection verticale, remarquons que nous connaissons du pentagone $abcde$, sa projection horizontale et son rabattement, ce qui nous donne les points a',b',e'. Le sommet a'_1 est alors dans le plan horizontal $b'e'$, et les sommets e'_1,b'_1 se trouvent dans le plan horizontal a'.

Il reste finalement les sommets c'_1,d'_1,f'_1 qui sont symétriques de c',d',f' par rapport au centre o'.

LIVRE VIII

MÉTHODE DES PROJECTIONS COTÉES

---

294. — Dans l'étude des surfaces topographiques, il est impossible d'employer deux plans de projections rectangulaires, parce que les différences de cotes entre les points de la surface à représenter sont trop petites par rapport aux distances horizontales des mêmes points. Il est donc utile d'éviter l'emploi des projections verticales, et de remplacer toutes les constructions que nous avons l'habitude de faire dans les deux projections, par des constructions sur le plan horizontal seulement, en s'aidant au besoin de calculs simples.

Un point quelconque sera défini par sa projection horizontale, et sa cote, que nous écrirons parallèlement au bord de la feuille, près de la projection horizontale du point.

295. — Pour montrer quelle relation il existe entre ces cotes numériques et le dessin lui-même, il est toujours nécessaire d'accompagner le dessin d'une échelle, ayant pour but d'indiquer l'unité de longueur employée.

Supposons, par exemple, que le dessin soit fait à l'échelle de $\frac{1}{5}$ ou $\frac{2}{10}$, cela veut dire qu'une longueur de un mètre de l'objet sera représentée par deux décimètres. Alors pour former l'échelle, on portera sur une ligne droite une longueur AB égale à deux décimètres, elle représentera un mètre de l'objet. En partageant AB en dix parties égales, chaque fraction représentera un décimètre. En divisant également l'une de ces divisions en dix parties égales, chaque subdivision représentera un centimètre, etc.

296. — Dans la résolution d'un certain nombre de problèmes, il n'est pas toujours nécessaire de mesurer les cotes et les projections avec la même échelle. Ainsi étant donnés deux polyèdres, si l'on multiplie les cotes des sommets par un même nombre, on forme deux nouveaux polyèdres, dont l'intersection a la même projection horizontale que l'intersection des deux premiers.

Autrement dit, lorsqu'il s'agit d'intersection, on peut impunément mesurer les cotes à une échelle quelconque autre que celle du dessin, mais on n'a pas ce droit lorsqu'on veut tenir compte des angles.

CHAPITRE PREMIER

I. — REPRÉSENTATION D'UNE DROITE. — DROITES PARTICULIÈRES. — DROITES PARALLÈLES. — INTERVALLE. — PENTE. — MODULE. — DISTANCE DE DEUX POINTS.

Pour déterminer une droite, on s'en donne deux points $a(4,5)$ $b(2,25)$; ab est la projection horizontale de la droite.

297. — PROBLÈME I. — *Déterminer la cote d'un point d'une droite, connaissant la projection horizontale de ce point* (fig. 157, pl. 15).

1re Méthode. — Prenons comme plan vertical le plan projetant ab. Le point a se projette verticalement en a' à une distance au-dessus de xy égale à la cote 4,5 mesurée à l'échelle. De même, le point b se projette verticalement en b'. Il en résulte que le point m se projette verticalement en m', et la cote de ce point s'obtient en mesurant mm' à l'échelle, soit 3,09.

Remarque. — Dans cet exemple, on trouvera toujours le même résultat quelque soit l'échelle avec laquelle on mesure les cotes.

2e Méthode. — Les triangles semblables $b'm'\mu$, $b'a'\alpha$ donnent

$$\frac{m'\mu}{a'\alpha} = \frac{b'\mu}{b'\alpha},$$

d'où

$$m'\mu = \frac{a'\alpha}{b'\alpha} \times b'\mu.$$

et par suite

$$mm' = bb' + \frac{a'\alpha}{b'\alpha} \cdot b'\mu,$$

ou

$$mm' = bb' + \frac{a'\alpha}{b'\alpha} \cdot mb = 2{,}25 + \frac{2{,}25}{6{,}50} \cdot 2{,}45 = 3{,}09.$$

298. — PROBLÈME II. — *Trouver sur une droite un point dont la cote est donnée, 4 par exemple* (fig. 157, pl. 15).

La relation précédente nous donnera

$$bp = \frac{ab(pp' - bb')}{a'\alpha} = \frac{6{,}50 \times 1{,}75}{2{,}25} = 5{,}05.$$

299. — Le premier problème permet de reconnaître si deux droites se rencontrent. Pour cela, on cherche les cotes des points des deux droites projetés au point de rencontre des deux projections horizontales (fig. 158, pl. 15). Ces deux points m doivent avoir la même cote.

On peut encore, pour faire cette vérification, reconnaître si deux horizontales s'appuyant sur les deux droites sont parallèles entre elles.

300. — Le deuxième problème permet aussi de déterminer les points à *cote ronde*, c'est-à-dire les points dont la cote est mesurée par un nombre entier. Le point p (fig. 157, pl. 15) est un point à cote ronde.

L'ensemble des points à cote ronde constitue l'échelle de pente de la droite, et cette échelle permet de trouver approximativement un point de cote donné, cette cote n'étant pas mesurée par un nombre entier.

Dans l'exemple actuel, la différence de cote entre les deux points a et p étant 0,50, on aura le point ayant pour cote 3 en portant la longueur ap à partir de p deux fois dans le sens pb.

301. — Définition. — *La distance entre les deux points cotés 3 et 4, c'est-à-dire dont les cotes diffèrent d'une unité se nomme* INTERVALLE.

Ainsi l'*intervalle* est la distance décrite par la projection horizontale d'un point, lorsque ce point s'élève d'une quantité égale à l'unité de l'échelle.

302. — Droites particulières. — Nous n'avons ici comme

droites remarquables, qu'à citer les parallèles au plan horizontal et les verticales.

HORIZONTALE. — Tous les points d'une telle droite ont la même cote; il suffit donc d'écrire la cote d'un seul point, et pour éviter toute erreur, on l'écrit parallèlement à la droite.

VERTICALE. — Une verticale se projette horizontalement suivant un point sans cote.

303. — Distance de deux points. — Dans la figure 157, pl. 15, la distance des deux points $a(4,5)$, $b(2,25)$ est mesurée par $a'b'$, si l'on veut employer un plan vertical.

Il suffit donc de mesurer $a'b'$ à l'échelle.

Numériquement, la distance cherchée est donnée par la relation

$$\Delta = \sqrt{\overline{ab}^2 + \overline{a'x}^2},$$

qui donne

$$\Delta = \sqrt{(6,5)^2 + (2,25)^2} = 6,87.$$

Une opération inverse de la précédente permet de porter sur une droite une longueur donnée.

304. — Droites parallèles. — Deux droites parallèles ont leurs projections parallèles entre elles, et les intervalles égaux dirigés dans le même sens.

Ainsi (fig. 159, pl. 15) les deux droites A et B sont parallèles entre elles.

305. — Pente. Module. — *On appelle pente d'une droite, le rapport entre la distance verticale z et la distance horizontale i de deux de ses points, soit* $\frac{z}{i}$. Autrement dit, c'est la tangente de l'angle de la droite avec le plan horizontal.

Le module est l'inverse de la pente, $\text{mod} = \frac{i}{z}$.

Si dans cette expression nous faisons $z = 1$, nous aurons $mod = i$, ce qui veut dire que le module d'une droite est égal à l'intervalle.

Il résulte de cette définition, que la distance de deux points est donnée par l'expression

$$\delta = d\sqrt{1 + \left(\frac{1}{p}\right)^2},$$

d étant la différence de cotes des deux points et p la pente de la droite.

II. — DÉTERMINATION DU PLAN. — ÉCHELLE DE PENTE. PLANS PARALLÈLES.

Un plan est déterminé par trois points.

Soit les trois points *a*(12,50), *b*(9,3), *c*(6,4) (fig. 160, pl. 15).

Proposons-nous de construire une horizontale de ce plan, par exemple celle qui passe par le point *b*. Il suffit pour cela de joindre le point *b*, au point *m* de la droite *ac* qui a pour cote 9,3.

306. — Échelle de pente. — *On appelle ligne de plus grande pente d'un plan, une perpendiculaire aux horizontales du plan.* Ainsi αm perpendiculaire sur *bm* est la projection horizontale d'une ligne de plus grande pente du plan.

Les points α, m et γ ayant pour cotes (12,5,) (9,3) et (6,4,) cette ligne de plus grande pente est complétement déterminée, et nous pouvons former son échelle de pente. On a ainsi l'échelle de pente du plan.

307. — PROBLÈME. — *Étant donnée l'échelle de pente d'un plan, déterminer la cote d'un point quelconque du plan, connaissant la projection horizontale de ce point.*

Soit *p* (fig. 160, pl. 15) la projection horizontale du point.

Traçons l'horizontale passant par ce point, elle est perpendiculaire à l'échelle de pente $\alpha m \gamma$ et rencontre cette échelle de pente au point π dont la cote sur l'échelle est précisément la cote cherchée.

308. — Plans parallèles. — *Deux plans parallèles ont leurs échelles de pente parallèles entre elles, de même intervalle et dirigées dans le même sens.*

CHAPITRE II

I. — INTERSECTION DE DEUX PLANS.

Pour trouver un point de l'intersection de deux plans, on les coupe tous deux par un plan auxiliaire, en choisissant de préférence un plan horizontal, parce qu'on a immédiatement les horizontales d'intersection de ce plan auxiliaire avec les plans donnés, en supposant connues les échelles de pente des deux plans.

Ainsi ab, a_1b_1 (fig. 161, pl. 15) étant les échelles de pente des deux plans, nous les couperons successivement par les deux plans 9 et 15, ce qui nous donnera les deux points $m(9)$, $n(15)$ de l'intersection.

Cette construction est en défaut, lorsque les échelles de pente des deux plans ont leurs projections horizontales parallèles entre elles, parce que dans ce cas, les deux plans ont leurs horizontales parallèles entre elles.

L'intersection est alors parallèle aux horizontales, et pour la trouver (fig. 162, pl. 15), on en a déterminé un point en coupant les deux plans aba_1b_1 par un plan quelconque cd.

Le plan auxiliaire coupe les deux plans donnés suivant les deux droites $e(0)f(7)$, $e_1(0)f_1(7)$ qui se rencontrent en m. Il ne reste plus qu'à mener par m une horizontale des deux plans.

309. — Remarque. — Cette horizontale rencontre les deux échelles de pente aba_1b_1 en deux points $\mu\mu_1$ ayant la même cote.

On emploierait une méthode analogue à la précédente, si les deux échelles de pente étaient sensiblement parallèles entre elles ; seulement, il serait nécessaire d'employer un deuxième plan auxiliaire.

II. — INTERSECTION D'UNE DROITE ET D'UN PLAN.

310. — Pour résoudre cette question, on emploie comme plan auxiliaire le plan ayant la droite donnée pour ligne de plus grande pente. Ce plan auxiliaire coupe le plan donné suivant une droite qui rencontre la droite donnée au point demandé.

Ainsi (fig. 163, pl. 15) le plan mené par la droite a_1b_1 coupe le plan *ab* suivant *cd* qui rencontre a_1b_1 au point cherché *m*(2,35).

311. — PROBLÈME. — *Mener dans un plan, par un point du plan, une droite de pente donnée.*

Soit *o* le point du plan *ab* (fig. 164, pl. 15). Construisons l'horizontale H du plan dont la distance au point *o* est égale à un intervalle.

L'extrémité du module de la droite inconnue compté à partir de *o* doit se trouver sur cette horizontale.

Dans l'exemple, on se propose de trouver la droite de pente $\frac{1}{3,5}$. Son module est alors 3,5. Nous avons donc décrit du point *o* comme centre, une circonférence avec un rayon égal à 3,5 mesuré sur l'échelle.

Cette circonférence rencontre l'horizontale H en un point *m* ; *om* est alors la droite demandée.

Le problème présente une deuxième solution om_1.

312. — PROBLÈME. — *Mener par une droite un plan de pente donnée.*

Prenons sur la droite *ab* (fig. 165, pl. 15) un point quelconque *o*(9), et proposons-nous de construire l'horizontale (8) du point σ(8) de la droite *ab*.

L'extrémité du module du plan inconnu compté à partir de *o* se trouve sur une circonférence ayant pour centre le point *o*, et pour rayon le module du plan 1,1 par exemple.

Donc l'horizontale du plan inconnu s'obtient en menant par σ une tangente σ*h* à cette circonférence ; *o*(9) *h*(8) est l'échelle de pente du plan.

Le problème présente une deuxième solution *o*(9) h_1(8).

CHAPITRE III

I. — DROITES ET PLANS RECTANGULAIRES.

313. — 1° *Une perpendiculaire sur un plan a sa projection perpendiculaire sur la trace de même nom du plan ; elle est parallèle à l'échelle de pente du plan.*

314. — 2° Les angles d'un plan et d'une perpendiculaire au plan avec le plan horizontal étant complémentaires, *le module de la droite est égal à la pente du plan,* et inversement, *la pente de la droite est égale au module du plan.* On peut dire encore que *le module de la droite est l'inverse de celui du plan.*

315. — Enfin *les deux échelles du plan et de sa perpendiculaire sont comptées en sens inverse l'une de l'autre.*

II. — DISTANCE D'UN POINT A UN PLAN.

316. — Soit le plan *ab* (fig. 166, pl. 15) et le point *m*(3,25). Nous avons mené par *m* une parallèle à l'échelle *ab*, puis nous avons coté cette droite en sens inverse de *ab*, en prenant comme module l'inverse du module de *ab*. Or le module de *ab* compté à l'échelle est $\frac{1}{2}$, donc le module de la perpendiculaire est 2.

Ensuite, pour trouver l'intersection de la droite et du plan, nous avons considéré le plan ayant pour ligne de plus grande pente la perpendiculaire elle-même, puis on a cherché l'intersection de ces deux plans en remarquant que toutes les horizontales s'appuyant sur *ab* et *mp* passent toutes en projection horizontale par un point fixe (page 34). On a donc dessiné les deux horizontales 3 et 4, qui se rencontrent au point fixe π. Par ce point, on a mené une horizontale qui rencontre la perpendiculaire au point demandé *p*(3,70).

Enfin la distance du point au plan est donnée par la relation

$$\delta = d\sqrt{1+i^2}, \quad \text{d'où} \quad \delta = 0,45\sqrt{1+\frac{1}{4}} = 0,50.$$

III. — DISTANCE D'UN POINT A UNE DROITE.

317. — Soit la droite *ab* (fig. 167, pl. 15) et le point $m(4)$. En menant par *m* une parallèle à *ab*, on a la projection de la ligne de plus grande pente du plan perpendiculaire à la droite mené par le point donné. On a coté ce plan, en prenant comme module l'inverse du module de *ab*. Or le module de *ab* est 1, donc celui du plan perpendiculaire est aussi égal à 1. Puis on a cherché l'intersection de la droite et du plan, en employant la même construction que dans l'exemple précédent. Soit $p(4,35)$ le pied demandé.

Enfin, la longueur *mp* mesurée à l'échelle étant égale à 1, la distance du point à la droite est donnée par la formule

$$\delta = \sqrt{(0,35)^2 + 1} = 1,05.$$

IV. — PLUS COURTE DISTANCE ENTRE DEUX DROITES.

318. — Par le point $b(5)$ (fig. 168, pl. 15) de l'une des droites, on mène une parallèle *bm* à l'autre droite, on forme ainsi le plan *abm* parallèle aux deux droites. Le module de ce plan mesuré à l'échelle est $bn = 0,73$. En prenant son inverse, on aura le module de la perpendiculaire commune, dont la projection horizontale est perpendiculaire sur l'horizontale *am* du plan.

Puis on a mené par chacune des deux droites un plan parallèle à la direction connue de la perpendiculaire commune, on a ainsi formé les deux plans *aob*, *dcp*. Enfin, on a cherché l'intersection de ces deux plans, en les coupant par le plan horizontal 4, ce qui donne le point $q(4)$. En menant par ce point *q* une parallèle à *bo*, on a suivant *qrs* la perpendiculaire commune cherchée.

Dans l'épure, on a coupé les deux plans une deuxième fois par le plan horizontal 5, de manière à indiquer suivant *qt* le module de la perpendiculaire commune.

CHAPITRE IV

I. — RABATTEMENT D'UN PLAN SUR LE PLAN HORIZONTAL.

319. — *Le rabattement d'un point quelconque du plan se fait sur une perpendiculaire à la projection horizontale de la charnière, menée par la projection horizontale du point, et à une distance de la charnière, égale à la distance du point de l'espace à cette même charnière.*

Connaissant le rabattement d'un point quelconque du plan, nous savons en déduire les rabattements de tous les autres points.

II. — ANGLE DE DEUX DROITES.

320. — Nous pouvons supposer que les deux droites se rencontrent, et nous avons même le droit de prendre comme point d'intersection, un point de cote ronde.

Soit donc oa, ob (fig. 169, pl. 15) les deux droites, et ab une horizontale du plan de ces deux droites.

Le rabattement du point o se trouve sur la perpendiculaire $o\omega$ à ab, à une distance de ω donnée par la relation

$$\delta = \sqrt{1 + (1{,}85)^2} = 2{,}17.$$

Donc ao_1b est l'angle demandé.

321. — **PROBLÈME**. — *Angle d'une droite et d'un plan.* D'un point de la droite, on abaisse une perpendiculaire sur le plan, puis on cherche l'angle de cette droite avec la droite donnée, on a ainsi le complément de l'angle demandé.

III. — ANGLE DE DEUX PLANS.

322. — On coupe les deux plans par un troisième perpendiculaire à leur intersection, et on cherche l'angle des deux droites ainsi obtenues.

Soit AB (fig. 170, pl. 15) les échelles de pente des deux plans, soit de plus cd leur intersection. Menons par le point $c(5)$ un plan perpendiculaire sur cd, son module est l'inverse du module de cd, nous avons donc suivant $\alpha\beta$ l'horizontale (4) de ce plan, à une distance de c égale à $\frac{1}{0,82} = 1,21$.

Cette horizontale rencontre les horizontales (4) des deux plans donnés, aux deux points α, β. Il reste enfin à rabattre le plan $c\alpha\beta$ autour de $\alpha\beta$. Le point c vient en c_1 à une distance δ de la charnière, égale à $\sqrt{1 + (1,21)^2} = 1,56$.

On a donc suivant $\alpha c_1 \beta$ l'angle demandé.

CHAPITRE V

I. — TAS DE SABLE.

323. — *Représenter un tas de sable* (fig. 171, pl. 15) *ayant pour face supérieure le rectangle* ABCD(5), *les faces latérales ont pour pente 2. Ce tas de sable est formé sur un plan incliné dont l'échelle de pente est* P.

Les deux faces adjacentes ABA_1B_1, BCB_1C_1 étant également inclinées sur le plan horizontal, leur intersection BB_1 est la bissectrice de l'angle des deux horizontales AB et BC. Il en est de même pour les autres arêtes latérales du tas de sable.

Nous n'avons plus qu'à chercher les intersections des faces latérales avec le plan P.

On a d'abord coté les quatre faces latérales, en remarquant que leur module est $\frac{1}{2}$, et en partant des horizontales AB(5), BC(5), CD(5), AD(5).

Pour trouver par exemple l'intersection des deux plans P et BB_1CC_1, on les a coupés par les plans horizontaux (5) et (4), ce qui donne la droite *mn* dont la partie utile est B_1C_1.

Connaissant les deux sommets B_1, C_1, il suffit de trouver un point de chacune des intersections du plan P avec les faces ABB_1A_1, CDD_1C_1.

Soit les deux points *o* et *p* obtenus à l'aide du plan (5).

On a donc joint pB_1 et oC_1 qui donnent comme partie utile A_1B_1 et C_1D_1. Enfin, il reste à joindre A_1D_1.

II. — SAILLANT DE FORTIFICATION.

324. — On appelle ainsi un angle de la ligne de défense, ayant son sommet vers l'extérieur de l'ouvrage.

Soit ABCD (fig. 172, pl. 15) la crête intérieure ou ligne de feu.

L'arête BC est supposée horizontale, et a pour cote 10,5, les points A et D ont pour cote 10. (Dans la pratique, les trois droites AB, BC, CD sont dans un même plan qu'on appelle le plan des crêtes.)

Les plongées s'obtiennent en menant par les trois lignes de feu, des plans inclinés en dehors, et ayant pour pente $\frac{1}{6}$.

L'horizontale du plan ABA_1B_1 menée par A(10) est donc tangente à une circonférence décrite de B(10,5) comme centre, avec un rayon égal à la moitié du module, c'est-à-dire 3.

On a effectué les mêmes opérations pour les deux autres plongées, et on en a déduit les intersections BB_1, CC_1 de ces plans deux à deux. Les deux plongées latérales sont alors limitées à deux plans verticaux parallèles aux crêtes, et à 8 mètres des crêtes. Nous définissons ainsi les arêtes A_1B_1, C_1D_1 et par suite B_1C_1 qui, on le remarquera, n'est pas horizontale. Le polygone $A_1B_1C_1D_1$ s'appelle la crête extérieure.

On a ensuite soutenu les arêtes A_1B_1, C_1D_1 par des talus à $\frac{1}{1}$. Par exemple, on a l'horizontale 9 du plan $A_1B_1A_2B_2$, en menant par le point M(9) de l'arête A_1B_1 une tangente à la circonférence décrite du point o(9,5) comme centre, avec un rayon égal à la moitié du module, soit 0,5.

Connaissant une horizontale de chacun de ces deux plans à $\frac{1}{1}$, on les a cotés et limités au plan horizontal 6.

Enfin, on a soutenu l'arête B_1C_1 à l'aide d'un plan déterminé par B_1C_1 et le point 3 de l'intersection des deux plans $A_1B_1B_2A_2$, $C_1D_1D_2C_2$.

En appelant o ce point qui d'ailleurs est donné par l'intersection des deux horizontales $\beta(3)$, $\gamma(3)$, on a joint oB_1, oC_1, ce qui donne les intersections de ce dernier plan avec les deux plans à $\frac{1}{1}$.

III. — PLATE-FORME AVEC RAMPE.

325. — *La plate-forme est limitée à un rectangle* ABCD, *ayant pour cote* 11, *et pour dimensions* 10 *mètres de long sur*

7 de large (fig. 173, pl. 16). *L'axe de la rampe aboutit au milieu du petit côté* CD, *et il est perpendiculaire sur* CD.

La largeur de la rampe est de 3 mètres, sa pente de $\frac{1}{5}$.

Le tout est établi sur un plan incliné dont l'échelle de pente est P.

Tous les talus de déblai et de remblai sont à $\frac{1}{1}$.

Le sommet A étant au-dessous du plan incliné, les talus aboutissant aux arêtes AB et AD seront en déblai. Le talus ABA_1B_1, par exemple, doit avoir pour pente $\frac{1}{1}$; nous pouvons donc le coter en partant de l'horizontale AB(11), l'intervalle étant égal à 1.

L'intersection du plan ABA_1B_1 avec le plan incliné a été obtenue, en coupant ces deux plans successivement par les deux plans horizontaux 12 et 15, ce qui donne les deux points m et n.

On a de même construit l'intersection du talus ADA_1D_1 avec le plan incliné, et on a trouvé A_1D_1. Comme vérification, AA_1 intersection des deux talus est la bissectrice de l'angle BAD.

La région $B\omega'_1$ de BC étant au-dessous du plan incliné, le talus correspondant sera encore en déblai. On s'est servi de la bissectrice BB_1, pour trouver la trace de ce plan $BB_1\omega$ sur le plan incliné.

Le talus qui soutient $C\omega'_1$ est maintenant en remblai, son horizontale 10 rencontre l'horizontale 10 du plan incliné au point p que l'on a joint à ω'_1, de manière à former le talus $C\omega'C_1$.

Enfin les talus aboutissant à CD sont moitié en déblai, moitié en remblai, et leurs traces sur le plan incliné s'obtiennent en joignant $D_1\omega$, $C_1\omega$.

Passons maintenant à la construction de la rampe ; sa pente étant $\frac{1}{5}$, son module est égal à 5, ce qui permet de la coter à partir de l'horizontale CD(11).

Les points a et q sont au-dessous du plan incliné, donc le talus correspondant est en déblai ; on en a trouvé une horizontale, en menant par le point q une tangente à la circonférence décrite de a comme centre avec un rayon égal à 1. On a ainsi coté ce talus, dont on a construit l'intersection avec le plan incliné, soit xr. La partie utile est limitée à gauche en a_1 sur $D_1\omega$, ce qui donne l'arête aa_1.

La même opération a été faite de l'autre côté de la rampe, seulement de b à t, le talus est en remblai, et à partir de t il est en déblai.

IV. — POLYÈDRE RÉGULIER.

326. — *Construire un tétraèdre régulier, reposant par une face, sur un plan dont l'échelle de pente est* P (fig. 173, pl. 16). *On a en* a *et* b *les projections de deux sommets de la base.*

On commence par rabattre le plan P sur le plan horizontal. En particulier, le point $m(6)$ de l'arête ab se rabat sur une perpendiculaire à l'horizontal (0) et à une distance

$$\delta = \sqrt{(6)^2 + (12)^2} = 13,4.$$

Soit μm_1 le rabattement de l'arête, on en déduit en a_1, b_1 les rabattements de a et b.

Actuellement, la base du tétraèdre est, dans le plan horizontal, un triangle équilatéral $a_1b_1c_1$ construit sur a_1b_1 comme côté.

Le quatrième sommet est rabattu en S_1, et sa cote

$$H = a_1b_1\sqrt{\frac{2}{3}} = 5,5\sqrt{\frac{2}{3}} = 4,47.$$

Il reste à relever le tétraèdre. On a d'abord relevé le sommet c_1 en c sur $a\nu$, et le centre de la base o_1 en o sur la médiane $b\beta$. Le centre de la base a pour cote 3,9; d'ailleurs la hauteur du tétraèdre étant perpendiculaire sur le plan de base, elle a un module inverse de celui du plan, ce qui permet de la coter.

Enfin, il reste à porter sur cette droite une longueur égale à la hauteur du tétraèdre 4,47; d étant la différence de cote entre les deux points s et o, on doit avoir

$$H = 4,47 = d\sqrt{1 + \left(\frac{1}{2}\right)^2},$$

d'où l'on tire

$$d = 3,98.$$

La cote du point s est donc

$$3,9 + 3,98 = 7,88.$$

CHAPITRE VI

I. — SURFACES TOPOGRAPHIQUES. — DÉFINITIONS.

327. — *On appelle surface topographique, toute surface telle que celle d'un terrain, c'est-à-dire toute surface n'ayant pas de définition géométrique.*

328. — Lignes de niveau. — Pour déterminer une telle surface, on en cherche des lignes de niveau, c'est-à-dire les sections par des plans horizontaux équidistants, et on arrive à ce résultat sur le terrain à l'aide de l'opération du nivellement.

La surface sera d'autant mieux déterminée, que les plans horizontaux contenant les lignes de niveau seront plus rapprochés. Comme nous l'avons déjà dit, on suppose ces plans équidistants les uns des autres, et la différence de cote entre deux plans consécutifs s'appelle l'*équidistance*. Afin de pouvoir opérer sur les surfaces topographiques comme sur les surfaces géométriques, on convient de remplacer chaque zone comprise entre deux lignes de niveau successives, par une surface engendrée par une droite rencontrant constamment les deux courbes, et restant constamment normale à l'une d'elles.

Cette substitution est admissible, lorsque les lignes de niveau sont très-rapprochées, mais dans le cas contraire, il est nécessaire d'intercaler des lignes de niveau entre les lignes considérées.

329. — Ligne de plus grande pente. — On appelle ainsi, toute ligne tracée sur la surface, et rencontrant normalement toutes les lignes de niveau.

On utilise quelquefois les lignes de plus grande pente, pour mieux représenter la surface, seulement on les dessine par fragments compris entre les lignes de niveau successives. Ces lignes de plus grande pente forment alors des hachures que l'on fait d'autant plus grosses et plus rapprochées les unes des autres, que la pente est plus rapide.

330. — Sommet. — On appelle *sommet*, le point le plus élevé d'une région de surface topographique. Les lignes de plus grande pente des régions voisines aboutissent à ce sommet en montant.

Ainsi A, B, C (fig. 175, pl. 16) sont des sommets.

331. — Fond. — Un *fond* est le point le plus bas d'une région de surface topographique. Les lignes de plus grande pente des régions voisines aboutissent à ce fond, mais en descendant. Dans la fig. 175, pl. 16, D est un fond.

332. — Col. — En un tel point, le plan tangent à la surface est aussi horizontal comme pour un sommet ou bien un fond, seulement ce plan tangent coupe la surface. Il existe alors deux lignes de niveau passant par un col.

Au-dessus du col, les lignes de niveau sont dans les angles opposés par le sommet formés par les deux lignes de niveau du col.

Au-dessous du col, les lignes de niveau sont encore dans deux angles opposés par le sommet, mais adjacents aux précédents.

Ainsi E (fig. 175, pl. 16) est un col.

333. — Ligne de faîte. — C'est la ligne de plus grande pente qui réunit deux sommets A,B, en passant par un col.

334. — Ligne de thalweg. — C'est la ligne de plus grande pente partant d'un col pour aller vers un fond.

II. — SECTION PLANE D'UNE SURFACE TOPOGRAPHIQUE.

335. — Soit P l'échelle de pente du plan sécant (fig. 176, pl. 16); on marquera les points de rencontre des lignes de niveau de la surface avec les horizontales de même cote du plan sécant, et on aura successivement en *abc*, etc. des points de la section. Puis on joindra tous ces points par un trait continu.

Comme cas particulier, proposons-nous de trouver la coupe d'une surface suivant XY (fig. 177, pl. 16), c'est-à-dire la section de la surface par le plan vertical XY. Cette intersection se projette horizontalement suivant $fedcbaa_1b_1c_1d_1$, etc. On a projeté ensuite ces points verticalement dans le système xy, à des distances au-dessus de la ligne de terre égales aux cotes des lignes de niveau correspondantes.

Pour avoir une idée plus nette de la forme de la courbe ainsi obtenue $f'e'd'c'b'a'a'_1b'_1c'_1$, etc., on change quelquefois l'échelle des cotes.

Dans la fig. 177, pl. 16, nous avons multiplié toutes les cotes par 5, ce qui nous donne le profil $FEDCBAA_1B_1C_1D_1E$, etc. De cette manière, les accidents de terrain sont plus accentués.

On peut utiliser la construction que nous venons d'indiquer, pour déterminer l'intersection d'une droite et d'une surface topographique, en employant un plan auxiliaire quelconque passant par la droite.

Une méthode analogue à celle que nous venons de suivre permet de trouver l'intersection de deux surfaces topographiques.

III. — LIGNE DE PENTE CONSTANTE.

336. — Proposons-nous de tracer sur une surface topographique, une ligne de pente constante.

Soit A (fig. 178, pl. 16) le point de départ de la ligne que nous voulons tracer sur la surface, la pente de cette ligne étant $\frac{1}{4}$.

Du point A(4) avec un rayon égal à l'inverse de la pente, nous décrivons un arc de cercle qui rencontre la ligne de niveau (5) aux points B et B_1. La droite AB a la pente demandée $\frac{1}{4}$.

Opérons sur le point B, comme nous l'avons fait sur le point A, et parmi toutes les solutions, nous aurons successivement les éléments rectilignes AB, BC, CD, DE, etc. du chemin cherché.

Enfin, en joignant tous les points ainsi obtenus par un trait continu, les lignes de niveau étant suffisamment rapprochées, on aura suivant ABCD, etc., la ligne demandée.

FIN.

TABLE DES MATIÈRES

Pages.

LIVRE V. — CHANGEMENTS DE PLANS. — ROTATIONS. — RABATTEMENTS.

LIVRE VI. — RÉSOLUTION DES TRIÈDRES.

LIVRE VII. — CONSTRUCTION DES POLYÈDRES RÉGULIERS CONVEXES.

LIVRE VIII. — MÉTHODE DES PROJECTIONS COTÉES.

1985 — ABBEVILLE. — TYP. ET STÉR. GUSTAVE RETAUX.

www.ingramcontent.com/pod-product-compliance
Lightning Source LLC
LaVergne TN
LVHW021717230826
846091LV00003BA/658

9782329313603